テレビ開放区

幻の『ぎんざNOW！』伝説

Katou Yoshihiko
加藤義彦

論創社

はじめに

録画した映像がほとんど残っておらず、回顧した書籍も作られたことがない。一九七二年に放送が始まったＴＢＳ制作の『ぎんざＮＯＷ！』は、今や〈幻のテレビ番組〉と言っていい。そのうえ一般的な知名度も、きわめて低い。番組を視聴できた地域が関東に限られ、しかも平日の夕方にひっそりと生放送されたからだ。

この知られざる番組は実に七年間も放送されたが、長く続いたのには理由がある。そのころのテレビ界には珍しく、新人のアイドルやバンド、そして一般学生に進んで出演の機会を提供し、若者の〈開放区〉として人気を集めたからである。

そのころ中学生だった私も、この自由な雰囲気に満ちあふれた番組のとりこになった。放送を見るたびにテレビ界への憧れは募り、大学を卒業すると広告代理店に入社。仕事を通じて都内の各テレビ局と関わりを持ち、その裏側を知った。

同じように『ぎんざＮＯＷ！』と出会って人生が変わった人は多い。今も活躍しているタレントの関根勤、小堺一機、清水アキラらも、この番組への出演がきっかけで芸能界に入った。それから当時は、欧米で誕生した「ロック」という音楽が日本に根づく前で、その種のバンドがテレビ番組に呼ばれることは無きに等しかった。ところがこの番組には、矢沢永吉のいたキャロルや、今も現役のサザンオールスターズほか、若くて血気さかんなロックバンドがデビュー直後から数多く出演し、人気を得るきっかけをつかんだ。それは来日した海外のバンドも同じで、全世界で売れる前のクイーンやヴァン・ヘイレンもスタジオにやって来て、テレビを通して新たなファンを増やした。

一九七〇年代に登場したアイドルやバンドのほとんどが、その新人時代に歌や演奏を披露した『ぎんざNOW!』。その七年にわたる歴史と舞台裏を、初めて描いたのが本書である。

その内容だが、まず1章では番組を代表する人気コーナーで、多くの学生が出演を機にタレントになった「しろうとコメディアン道場」を取り上げた。続く2章では番組の成り立ちに注目。3章では、海外のロックバンドや歌手が多数出演した「ポップティーンポップス」に迫り、次の4章は、同コーナーで一緒に歌った沢田研二とディープ・パープルのイアン・ギランの共演秘話を探った。

さらに5章では日本のロックバンド、6章では新人アイドルの悪戦苦闘に焦点を当て、7章では一般学生が主役を務めたコーナーの数々と、中高校生の視聴者で結成された「NOW特派員クラブ」の活躍を浮き彫りにした。そして最後の8章では、番組が幕を下ろすまでの歩みをたどり、『ぎんざＮＯＷ！』がその後のテレビ界に与えた影響を考えてみた。それから巻末には、番組に関する放送データを、可能なかぎり調べ上げて載せた。当時学生だった世代は、出演者の顔ぶれをながめるだけで、懐かしさがこみ上げるだろう。

番組が生み出していた、誰でもテレビに出演できて、そこで自分を表現できると感じさせる自由な雰囲気。そうした感触は、今や日々の生活にすっかり根づいた、動画投稿サイトやＳＮＳに代表されるインターネットの世界に接する時のそれに、きわめて近い。では『ぎんざＮＯＷ！』とはどんな番組だったのか、さっそく掘り下げることにしよう。

テレビ開放区◉目次

第5章 日本のロックバンドが続々と出演 135

元祖不良バンド！　矢沢永吉率いるキャロルがレギュラー出演／楽屋に立ちこめた、髪につけたポマードの匂い／『紅白』出演！　ダウン・タウン・ブギウギ・バンドの快進撃／本番当日に番組スタッフともめた、舘ひろしがいたクールス／ツッパリ上等！　「武道館、満杯！」と宣言した横浜銀蝿／サザンオールスターズが『ぎんざＮＯＷ！』でテレビ初出演／アルフィー、甲斐バンド、紫、憂歌団／素人バントコンテストと、番組出演が学校にバレて髪を切った木根尚登／ロックンロールで魅了した素人時代のラッツ＆スター／グループサウンズから派生したハリマオと「ヤング・イン・テレサ」／演奏中に一回転！　「風車ギター」にびっくり／観客から「帰れ！　帰れ！」の大合唱／洋楽志向のアイドルバンド、レイジー見参！／楽しさと毒を併せ持った近田春夫とハルヲフォン／番組用に演出を工夫した新曲「恋のＴＰＯ」／『ぎんざＮＯＷ！』が縁でラジオＤＪに初挑戦

第6章 アイドル！アイドル！アイドル！ 177

アイドル誕生！　番組から芸能界入りした青木美冴／高く澄んだ歌声が素敵だった讃岐裕子／大人びていた4代目チャンピオンの朝田卓樹／番組が生んだ最大のスター清水健太郎／男とは？　菅原文太や矢沢永吉と語り合う／番組とのつながりから生まれた楽曲／山口百恵、フィンガー5、池上季実子、浅野ゆう子／笑いも取ったずうとるびと、あのねのね／太田裕美、榊原郁恵、大場久美子は番組の「三人娘」／出演歌手はどのように選ばれたのか／出演するたびに女性ファンが殺到した郷ひろみ／コンテスト企画で落とされた新人時代のユーミン／初出演と同時にバンドが解散した矢野顕子

第1章

有名芸人を数多く輩出——「しろうとコメディアン道場」

初代チャンピオンは関根勤

1972年10月からTBSで7年間放送された『ぎんざNOW!』には、多くの伝説がある。特に有名なのは、タレントの関根勤、清水アキラ、小堺一機、竹中直人、柳沢慎吾らが素人時代に、「しろうとコメディアン道場」というコーナーに出演して注目されたことがきっかけで、芸能界入りしたことだ。

この番組は視聴者参加型の公開バラエティーで、平日の午後5時より銀座の三越別館2階のスタジオ「銀座テレサ」から生放送されたが、特徴的なのは、出演者と観客のほとんどが10代だったことである。さらに制作スタッフも20代と若く、番組が毎日発信する情報はどれも新鮮かつ刺激的で、筆者を含めた関東に住む中高校生の多くが、学校から帰るとテレビにかじりついた。

番組の内容は曜日ごとに異なった。毎週月曜日は「笑い」に力を入れ、74年の7月から始まった新コーナーが「しろうとコメディアン道場」である（以下「コメ道」と略す）。

ネタを披露する若者たちを審査した顔ぶれは、みんな「笑い」に精通していた。NHK『お笑いオンステージ』[*1]などでコントを量産中だったコメディー作家の前川宏司、人気絶頂だったTBS『8時だョ！全員集合』[*2]の古谷昭綱プロデューサー、萩本欽一&坂上二郎

---

*1　72〜82年放送。三波伸介、中村メイコ主演の人情コメディー。

*2　69〜85年放送。ザ・ドリフターズ主演の公開生番組で、「カラスの勝手でしょ」ほか多くの流行語を生んだ。最高視聴率50・5パーセント。

のコント55号[3]が所属した浅井企画社長の浅井良二、朝日放送『てなもんや三度笠』[4]を演出した澤田隆治、コント55号に師事したコメディアンの車だん吉などである。それから「コメ道」開始時のTBS側の総合プロデューサーだった青柳脩も、「喜劇」には縁が深い。

出場者が登場する門の前で盛り上がる司会のせんだみつお（中央）とザ・ハンダース。

映画監督だった父の青柳信雄は、東宝で『サザエさん』[5]シリーズなどのコメディー映画を数多く撮った人物で、自身もそれまでに『ブレンダ・リー・ショー』[6]『植木等ショー』[7]ほか数々の音楽バラエティーを演出していたのだ。

「コメ道」は多くの芸人、コメディアンを輩出したが、青柳プロデューサーに取材すると、当初は「お笑い芸人の登竜門」という位置づけではなく、学校のクラスにいる面白い子供たちに、活躍の場を与えてあげたいと思っていたという。

だが大学生だった関根勤が初代チャンピオンとなり、直後に芸能界入りしたこと

★3　66年結成。激しく動き回る、不条理なコントで一世を風靡。

★4　62〜68年放送。藤田まこと、白木みのる主演の時代劇コメディー。関西での最高視聴率は64パーセント。

★5　56年から5年間で10本を制作。江利チエミ主演。

★6　65年7月放送。米国の人気女性歌手を迎えた音楽番組。弘田三枝子、大橋巨泉共演。

★7　67年放送。クレイジーキャッツの植木とゲストが歌とコントで競演。

で、プロの芸人になることを夢見る学生の応募が一気に増えたそうだ。その関根勤に所属事務所の一室で話を聞いた。

関根は東京生まれで、中学2年で物まねを始め、友人たちが笑ってくれるのがうれしくて、どんどんネタを増やしていった。「ぼくはテレビっ子だったから、番組やCMで好きな人を見つけると、ずーっと観察するんです。すると、いつの間にかその人の特徴が体に染みこんできたんですよ」。日大法学部に進むと、お笑いの好きな仲間四人と「目黒五人衆」を結成し、都内でライブ活動を始めた。だが大学3年になると、それぞれが卒業後の進路を考え始めたために、グループはその年の夏休みに解散してしまう。「解散したら心にポッカリと穴が開いてしまったので、青春の思い出を作りたくて、前から好きで見ていた「しろうとコメディアン道場」にハガキを書いて応募しました。それに長いこと趣味でやっていた自分の芸が、どのくらい通用するか試したい気持ちもあったし」。

オーディションは旧TBSの別館で行なわれた。関根は審査を務める番組スタッフたちの前で、もっとも自信のあった「プロレス中継」のネタを披露した。「いろいろやりましたよ。アントニオ猪木さんや、ジャイアント馬場対フリッツ・フォン・エリックとか、一人二役で動きもまねしながら。子供のころからプロレスが大好きでしたからね。ほかにも小ネタの物まねを夢中でいくつかやって、終わってみたら40分も経っていました。あとでスタッフから聞いた話だと、ぼくがネタをたくさん持っていたことに驚いて、それ以降

「コメディアン道場」を勝ち抜き形式に変えたらしいです」。それまでは毎回、素人学生が三人登場してネタを競い、その中からチャンピオンを決めて終わりだったが、そのルールを変えてしまうほど、関根の出現は番組スタッフにとって衝撃だったのだ。

得意のプロレス物まねで勝負

そして本番当日を迎えたが、関根は緊張しなかった。「ぼくにすれば趣味の発表会みたいなもので、気楽な感じだったから。月曜レギュラーだったずうとるびの四人が、いつも客席の最前列に座っていて、ぼくがネタをやると、すごく笑ってくれたなあ。観客のウケがいいと、こちらも気持ちがいいし、乗ってくるんですよ」。「コメ道」には一人あたり2分という時間制限があった。「その中にネタが収まるように前もって時間を計って、自分で一生懸命ネタを作りましたけど、4週目に「プロレス中継」をやった時は、つい長めにやってしまって。そのせいで、番組の最後にあった新人の女の子の歌が飛んじゃった（笑）」。見事に5週勝ち抜いてチャンピオンに輝いたが、関根が5週の間に物まねを披露した有名人は二十名余り。その中にはその後、彼の十八番になった、プロレスのジャイアント馬場やアクション俳優の千葉真一も含まれていた。「その時に披露した俳優の片岡千恵蔵さん、上田吉二郎さん、歌手の淡谷のり子さんの物まねは、プロの芸人さんがすでに

番組関連イベントで司会を務める関根勤（中央）。1975年8月30日に銀座テレサで開かれた「NOW特派員クラブ」発足式にて。

やっていましたけど、馬場さん、千葉さん、アントニオ猪木さん、水森亜土さん、ドラマ『サインはV』[*8]に出演した際の中山仁さんあたりは、ぼくが最初に物まねをした思います。千葉さんなんか、未だにほかに物まねする芸人がいないし」。

当時の青年は長髪にジーンズが多かったが、関根の髪は短い七三分け、服装はアイビーと、お坊ちゃま風で清潔感があった。「アイビーの流行はかなり前に終わっていたと思いますけど、普段からぼくはそういう感じでした。『ぎんざＮＯＷ！』で生まれて初めてテレビに出るからといって、特に服装も髪形も変えませんでしたね」。順調に勝ち抜いて、運命の5週目を迎えた。「最後だから特に自信のあるネタを次々にやったんだけど、この時に強力なライバルが登場しました。素人時代の清水アキラくんが初挑戦して、しかもネタがすごく面白い。これは負けたなと思ったけど、勝つことができた。番組スタッフにもスタジオのお客さんにも、「果たして関根はチャンピオンになれるか？　なってほしい！」というムードがあって、それが後押ししてくれて勝ち抜けた感じでした。あの時は達成感がありましたよ」。

直後に、浅井企画の浅井良二社長から声をかけられた。「社長は「コメディアン道場」

＊8　69〜70年／ＴＢＳ。バレーボールに情熱を注ぐヒロインを岡田可愛が熱演。中山仁は彼女を厳しく鍛えるコーチ役。平均視聴率33パーセント。

の審査員の一人で、ぼくの時は3週目から審査してくれましたけど、素人のぼくに厳しいことを言うんですよ。先週よりネタがよくないねって（笑）」。浅井はネタを見ている最中もめったに笑わず、審査員の中でも特に辛口だったが、それは「笑い」に対していつも真剣に向き合っていることの証でもあった。「チャンピオンになってすぐに、月曜担当の吉村（隆一）プロデューサーから言われて喫茶店に行ったら、その浅井社長と、のちに浅井企画の専務になった川岸さんがいました。すると社長が、芸能界でやっていく気はないのかって聞くので、ぼくは父の跡を継いで消防士になるつもりだったから、「ありません。ぼくみたいな、単なるクラスの人気者が通用する世界ではないと思いますから」と正直に答えたら、コント55号を育てたぼくが、君の才能を保証するよ、と言うんです。ぼくの中で55号は神様だったから、大学を卒業するまでの1年半だけ、浅井企画のお世話になることにしたんですね。結局、今日までずっとお世話になっているわけですけど」。浅井の「ぼくがコント55号を育てた」というひと言は、相手を説得する際の殺し文句だったらしいが、「コメ道」に出たことで関根の未来は劇的に変わったのだった。

優勝したら、いきなり月曜日にレギュラー出演

関根が「コメ道」で演じた主な物まねは俳優の千葉真一、田村正和、上田吉二郎、片岡

千恵蔵、小池朝雄、中山仁、レスラーのジャイアント馬場、アントニオ猪木、落語家の林家三平（先代）、歌手の淡谷のり子、絵描きの水森亜土、アイドルの桜田淳子、安西マリア。プロの物まね芸人が取り上げていなかった人物が多いのが目新しく、物まねの羅列に終わらず、「プロレス中継」などの状況を設定してネタを作りこんだ点も素人離れしていた。

小池朝雄の声まねは、彼が吹きかえを担当してNHKで放送中だった、米国ドラマ『刑事コロンボ』[*9]が元ネタである。これに象徴されるように、奇しくもわが国でテレビ放送が始まった53年に生まれた関根の物まねは、テレビ番組から触発されたものばかりだった。「コメ道」が放送された70年代にはインターネットもなく、世の少年少女にとって、地上波テレビが娯楽の王様だった。彼らの目には、関根が「自分と同じようにテレビが大好きな年上のお兄さん」と映り、大いに親しみを抱いたのである。

関根は74年の暮れに「コメ道」の初代チャンピオンに輝き、翌週から『ぎんざNOW！』に毎週出演するようになった。初体験の司会進行役に戸惑う日々が続いたが、スタッフも共演者も同世代だったことから彼らとしばしば遊び、交流を深めた。当時30代後半で、スタッフ最年長だった青柳プロデューサーも、仕事には厳しいが、その言葉に関根は「愛」を感じた。「本番中に珍しく時間が余ったのにアドリブで面白いことが言えなくて、放送後に青柳さんから叱られました。でも去り際に「来週もがんばれよ」と励ましてくれてから、部屋を出る時にひと言、「スターになれよ」って言ってくれたんです」。「コメ道」

＊9　日本では72年から放送。主役のコロンボ刑事がしばしば口にする「ウチのかみさんがね」が流行語に。

は、人を笑わせることが好きな若者に対してテレビ界が初めて門戸を開いた、画期的な企画である。ではこのコーナーは、いかにして誕生したのだろうか。

常識破りだった「コメディアン道場」

「お笑い芸人の登竜門」のようなテレビ番組はその後、日本テレビ『お笑いスター誕生!』[*10]（80～86年）、テレビ朝日『ザ・テレビ演芸』[*11]（81～91年）、NHK『爆笑オンエアバトル』[*12]（99～10年）など数多く現れたが、その先駆けが「コメ道」である。

だがどの世界でも開拓者には苦労が多く、「コメ道」も企画の実現までに半年かかった。そのころのテレビ界では「笑いを提供するのはプロの芸人」というのが常識で、素人が視聴者を笑わせるのは無理だ、と周りが難色を示したのである。「コメ道」を発案した人物は、月曜ディレクターの加納一行だという。月曜プロデューサーを番組の初回から6年間務めた吉村隆一に尋ねると、「加納くんは笑いが好きで、先見の明があった。のちにピンク・レディーがデビューした時も、すぐに声をかけて番組で歌ってもらいましたから」と明かしてくれた。

加納は明治大学在学中に演劇に打ちこみ、60年代半ばからTBSで演出助手として数々の番組制作に加わった。68年には『チータ55号』という公開バラエティーで、人気絶頂だ

＊10　グランプリ獲得者はB&B、おぼんこぼん、こだまひかり、九十九一、とんねるず、アゴ&キンゾー、シティボーイズほか。

＊11　ダチョウ倶楽部、B21スペシャル、中村ゆうじ、浅草キッドらが出演を機に注目された。

＊12　若手時代のアンジャッシュ、アンタッチャブル、タカアンドトシ、NON STYLEらが脚光を浴びた。

った芸人コンビ、コント55号の萩本欽一と出会って意気投合。70年にわが国初の番組制作会社、テレビマンユニオンの創立に参加した際にも、萩本を誘ってメンバーに引き入れている。たぶんその縁からなのだろう。『ぎんざNOW!』にも第21回に萩本がゲスト出演しており、また同時期に加納は、テレビ東京の『私がつくった番組・マイテレビジョン』[*13]において、クレイジーキャッツの植木等や、彼らの座付き作家だった青島幸男を主役に迎えた回を演出するなど、笑いへの強い興味を感じさせる仕事に携わっている。のちに『ぎんざNOW!』から離れて、オフィス・トゥー・ワンという制作会社に移っても演出業を続けたが、06年に逝去した。吉村いわく「神経が細やかで、やさしい男」だったという。

その吉村は、なんと『ぎんざNOW!』がテレビ番組制作初体験[*14]であった。出身は京都府舞鶴市で、高校卒業後に大阪へ出て芸能事務所に入社。俳優の藤田まこと、野川由美子、入川保則のマネージャーを経て、民音主催のコンサートを制作するユニゾン音楽出版に移った。この会社が『ぎんざNOW!』月曜日の制作を初回から請け負うことになったが、同社はそれまで番組制作をしたことがなかった。そこで芸能界に顔が広いだろうということで、吉村に声がかかったのである。

テレビプロデューサー初挑戦だった吉村の頼もしい味方になったのが、月曜日の番組構成を任された前川宏司だ。彼は自ら「コメディー作家」を名乗るなど、笑いを作ることに情熱を注いだ傑物で、日本テレビ『シャボン玉ホリデー』[*15]、TBS『8時だョ!全員集合』

＊13　72〜73年放送。吉永小百合、三波春夫、美輪明宏、キャロルらが出演。

＊14　そのほかの曜日プロデューサーにも「初体験」の人物が数名あり、その前職は映画や音楽のプロデューサーや放送作家などであった。

＊15　ザ・ピーナッツ、クレイジーキャッツ主演のしゃれた音楽バラエティー。61〜72年放送。

など、テレビ史を飾るバラエティー番組でコント台本を量産した。「前川さんは芸能雑誌『平凡』の元記者で、放送作家に転身した直後に大阪で知り合った。とにかく笑いに詳しくてセンスも抜群だったから、『ぎんざNOW!』を手伝ってもらいました」（吉村）。前川は「コメ道」の名付け親であり、挑戦者の勝敗を決める審査員も長く務めた。挑戦者が演じるネタの長所をほめるだけでなく、短所があれば指摘するなど、笑いに対する確かな批評眼を持った人でもあった。また審査員には、今も多くの人気芸人が所属する浅井企画の浅井良二社長、のちに漫才ブーム[*16]の仕掛け人として名を馳せた朝日放送の演出家・澤田隆治もいたが、こうした笑いの専門家に声をかけたのも、彼らと交流があった吉村だったのだ。またコーナーの人気を裏付けるように、澤田がTBSの近くを歩いていたら、たまたま通りかかった女子高生たちから「審査員の人だ!」と指を差されて、とても驚いたそうである。

新鮮に映った「素人の笑い」

次に「コメ道」への参加方法だが、まずハガキで応募して通過した者のみ、東京赤坂にあった旧TBSの別館で毎週土曜日に行なわれた、オーディションに呼ばれた。その通知ハガキには「2〜4分位のネタを作ること!」と注意書きがあり、出しものはコント、漫

＊16　人気を得たのはザ・ぼんち、B&B、紳助竜介、ツービートなど。

才など面白ければ何でも構わなかった。「あの番組は関東しか放送していなかったので、漫才をやる挑戦者は少なかった。漫才はもともと関西で盛んな演芸だから」（吉村）。審査員は担当のプロデューサーとディレクターらが務めた。

応募者の平均年齢は15～16歳で、男女比は7対3。オーディションを審査した番組スタッフから合格の連絡が来ると、晴れて月曜の生本番に出ることができた。一人あたりの持ち時間は2分だったが、それを大きく超えると、司会のせんだみつおが強制終了することもあった。200席ほどあった客席は毎週、応援に駆けつけた挑戦者の同級生たちで埋まったが、彼らの熱い声援が飛び交う中でネタを演じ、しかもその様子がテレビで生中継されている。果たして平常心を失ってネタを間違える出場者が続出したが、そうした失敗はプロの芸人にはまず起こり得ないもので、きわめて新鮮に映った。それから出演者には参加賞としてオリエント時計製の腕時計が贈られたが、選ばれし者のみに与えられたその時計は、画面を通してよりキラキラと輝いて見えたものだ。「途中から商品を沖縄や北海道への旅行に変えましたが、北海道はビールがうまいから、ある未成年のチャンピオンが飲みすぎちゃった（笑）。もう時効ですけどね」（吉村）。その若者はハメを外してしまうくらい、チャンピオンになれたことがうれしかったにちがいない。

「コメ道」が始まって半年後の75年4月から、フジテレビで『欽ちゃんのドンといってみよう！』[*17]、通称「欽ドン」の放送が始まり、大ヒットを飛ばした。これはコメディアンの

---

*17　好評を受けて、80年3月まで3回の休止期間をはさんで放送。「笑い」には縁がなかった歌手や俳優のおかしさを、萩本が抜群のアドリブで引き出した。

萩本欽一が初めて企画主演したバラエティー番組で、その後の欽ちゃんの大躍進の第一歩となった。この番組の新しさは意図的に「素人いじり」で笑いをとったことにある。以後、そうした番組作りはテレビ界の主流になっていくのだが、萩本と親交があった「コメ道」の加納ディレクターが、時を同じくして「素人の笑い」に注目した事実は興味深い。[*18]

笑いのチャンピオンが続々と誕生！

大学生の関根勤が初代チャンピオンになり、直後にタレントへの道を進んだことから、「コメ道」はさらに活気づいた。同級生を笑わせることが得意な学校の人気者たちが、腕試しの感覚で次々に挑戦するようになったのだ。果たして75年だけでおよそ2ケ月に一人の割り合いで、新たなチャンピオンが誕生した。その中で特に評判になったのが、次の五名である。

リハーサル中にサインを書く鈴木末吉。

2代目チャンピオンに輝いたのが高校2年生の鈴木末吉で、ネタに入る前のあいさつはいつも同じだった。「スエです！　キチです！　二人合わせてスエキチくんでーす！」。ステージ

＊18　テレビ朝日『欽どこ』、TBS『週刊欽曜日』ほか各局で次々に番組を企画主演し、いずれも高視聴率を記録。

に登場するなり、銀座テレサに駆けつけた同世代の女の子たちから黄色い歓声が飛び、その声はステージを降りるまで続いた。また自己紹介するたびに、アイドルの片平なぎさの名前をもじって、「こんにちは！　片平さなぎです」と言っては笑いを取っていた。

3代目は長野県出身の清水章で、54年生まれの大学生だった。物まねをする人数が驚くほど多く、ブルース・リー＊19の物まねをテレビで披露した最初の人かも知れない。また物まねをする際によく見せた変顔も、抜群の破壊力があった。

5代目は東京の下町・浅草で生まれ育った、56年生まれの中本賢である。とても目が細く、その特徴を生かして五木ひろしなどの顔まねを得意とした。また「酔っぱらい、もっとタチが悪いのは、かっぱらい！」のような他愛のないダジャレを連発しても、言葉の勢いと声の大きさで押し切っていた。幼いころから芸能事務所に籍を置き、学校に通いながらタレントとして活動していたこともあって、生放送の「コメ道」に出た際にも、舞い上がることはなかったとか。かつてはバイクで暴走するのが大好きな少年だったと聞くが、19歳にして肝がすわっていたのである。

7代目は千葉県出身の鵜沢勇。57年生まれの高校3年生で、75年の夏にグランドチャンピオンの栄冠を手にした。最大の売りものは、その極端に長いあごである。昔話を読むというネタでは、出だしの「むかしむかし〜」を、英語で「ロング・ロング・アゴー」と言いながら自らの長いあごをなでて、笑いを誘っていた。小学生時代からいつも学芸会の主

＊19　香港出身の映画俳優。73年7月に32歳の若さで急逝したが、その人気は今も衰えず。

役で、友人に勧められて「コメ道」に挑戦。三十人ほど参加したオーディションを通過したが、本番当日のリハーサルでは極度の緊張に襲われた。しかし本番では見事に勝ち続け、運命の5週目を迎えた。だが所属していた陸上部の先生が応援に駆けつけたために、平常心を失って実力を出せなかったが、運良くチャンピオンに選ばれた。当時を知る人たちによると、気弱でまじめすぎる面があったという。

8代目は佐藤茂樹で、56年の広島県生まれ。彼が演じた漫談は、合格確実と言われた東大受験をやめて「コメ道」に出たと自慢するなど、インテリを気取って理屈ばかり並べるところが面白く、彼の話を真剣に聞いていると、結局はいつも的外れなことを口走って肩透かしを食らう、という展開だった。のちに実際に東大を受験したこともあった。植木職人からセールスマンまでアルバイト経験が豊富で、それがネタ作りにも生かされたにちがいない。またステージに登場する際は、いつも左手に持った日の丸を頭の上にかざし、右手で紙吹雪を宙高くまくなど、ド派手な演出で目立っていた。物まねは不得手だったようだが、英国のSF人形劇ドラマ『サンダーバード』[20]に出てくる、糸で操られた人形たちのぎこちない動きをまねしたあたりは目の付けどころが新しく、その出来ばえも絶品だった（のちにとんねるずの石橋貴明が、主演番組『みなさんのおかげです』（フジテレビ）で演じた『サンダーバード』のパロディコントで、同じような動きを見せていた）。

彼ら若きチャンピオンたちに、いち早くタレントとしての可能性を見出した人物がいた。

＊20　巨大メカを駆使する国際救助隊の活躍を描いた。吹き替え担当の一人として黒柳徹子が参加。

月曜担当の吉村隆一プロデューサーの上司だった、映像企画の境和夫である。同社は「コメ道」を含む『ぎんざＮＯＷ！』[21]月曜日を、初回から作り続けたユニゾン音楽出版に代わって番組制作を引きついだ会社で（吉村もユニゾンから同社へ移籍）、そのころもっとも勢いがあった芸能事務所だった、渡辺プロの子会社だ。境は早稲田大学を卒業後、東京新聞の社会部記者として健筆をふるっていたが、渡辺プロを創業した渡辺晋に口説かれて同社に移り、宣伝部長を経て映像企画の制作部長を任された切れ者である。

鈴木末吉、清水章、中本賢、鵜沢勇、そして佐藤茂樹。彼ら名もなき青年たちは、境の誘いに応じて芸能界入りを果たした。吉村プロデューサーいわく「初代チャンピオンの関根勤くんは、浅井企画に入ってタレント活動を始めたが、清水くんたちが映像企画に所属するにあたって、ほかの芸能事務所から不満は出なかった」という。以後、清水は清水アキラ、中本はアパッチけん、鵜沢はアゴいさむ、佐藤は佐藤金造と、鈴木を除いて芸名を名乗るようになった。そして平均20歳前後だった彼らは、3週目で敗退した「ありがとうの小林くん」こと小林正弘を加えた六名で、ほどなくしてお笑いグループを組むことになる。ザ・ハンダースである。

10代の女の子に絶大な人気があった鈴木末吉

[21] 72年から74年まで、アイドル天地真理主演のバラエティー番組をＴＢＳで連続制作。

2代目チャンピオンの鈴木末吉は、なぜ「コメ道」に挑戦しようと思い立ったのか。当人に会って尋ねてみた。「あのコーナーに出ると、参加賞として腕時計がもらえるんですよ、オリエント時計製の。当時は腕時計を持ってなかったから、賞品ほしさにハガキを書いて応募しました」。すぐに番組スタッフから電話があり、オーディションに参加。百人以上の応募者から鈴木ともう1組が選ばれた。高校2年の春休みだった。「土曜日がオーディションで、翌々日の月曜に「コメディアン道場」に出ました。司会のせんださんから今日は何をやるの？　と聞かれたので「人まね」と答えました。「物まね」じゃなくてね」。順調に勝ち抜き、お得意の物まねを次々に披露した。ドラマ『傷だらけの天使』★22で探偵くずれを演じた萩原健一と水谷豊、覆面プロレスラーのザ・デストロイヤー★23、米国ドラマの主人公である刑事コロンボなど。「そのころ西城秀樹さんが歌っていた「激しい恋」をやった時には自分で衣装を作り、タンクトップに白いスカーフを首に巻いて、ちょっとしたダンスもやりました。それから、もしもぼくが寿司屋の板前だったらという設定を考えて、その店に芸能人が客として来るというネタもやりましたよ」。鈴木はそのころ寿司屋でアルバイトとして働いていたので、その経験がネタ作りに生かされたわけだ。

鈴木は見た目や動きをなぞる「形態模写」が上手で、持ちネタは三十名余りあった。プロレスラーのジャイアント馬場、ザ・デストロイヤー、ミル・マスカラス、野球選手の王貞治、長島茂雄、張本勲などである。また歌手では沢田研二の振りまねを筆頭に、片平な

★22　74〜75年／日本テレビ。深作欣二、神代辰巳、工藤栄一ら有名映画監督も演出。

★23　レスラーとしては悪役だったが、出演した日本テレビ『金曜10時！うわさのチャンネル』では笑いをふりまき、人気タレントに。19年に88歳で逝去。

ぎさ、森進一、矢沢永吉などの、ちょっとした仕草をまねするのがうまかった。十八番の物まねは、なんといっても当時の超人気レスラー、アントニオ猪木である。「学校の友だちとプロレスごっこをやっていたら、彼が言うんですよ。お前、猪木に似てるなって。そんなこと、生まれて初めて言われましたよ」。確かにあごを前に突き出した表情がそっくりだった。そこで鈴木はテレビに映る猪木の動きを研究し、物まねの精度を上げていった。「コメ道」に出たとたん、番組を見た女の子たちから熱い視線を浴び、すぐに私設のファンクラブもできた。「自分で言うのも変だけど、ぼくは身長が163センチと小柄で、あのころは可愛らしい顔をしていたから」。回を重ねるごとに、女の子からのファンレターや問い合わせの電話が番組宛てに数多く舞いこみ、その反響の大きさを知った加納一行ディレクターから「芸能界でやってみないか」と声をかけられた。「番組に出るたびに加納さんが熱心に誘ってくれましたけど、ぼくは高校を出たら就職するつもりでした。だけど何度目かに加納さんに会った際に、君にはニーズ(需要)があるんだと言われて、タレントとして勝負する気になりました」。果たしてチャンピオンに輝いた鈴木少年は毎週月曜日に出演し、司会のせんだみつおの助手を務

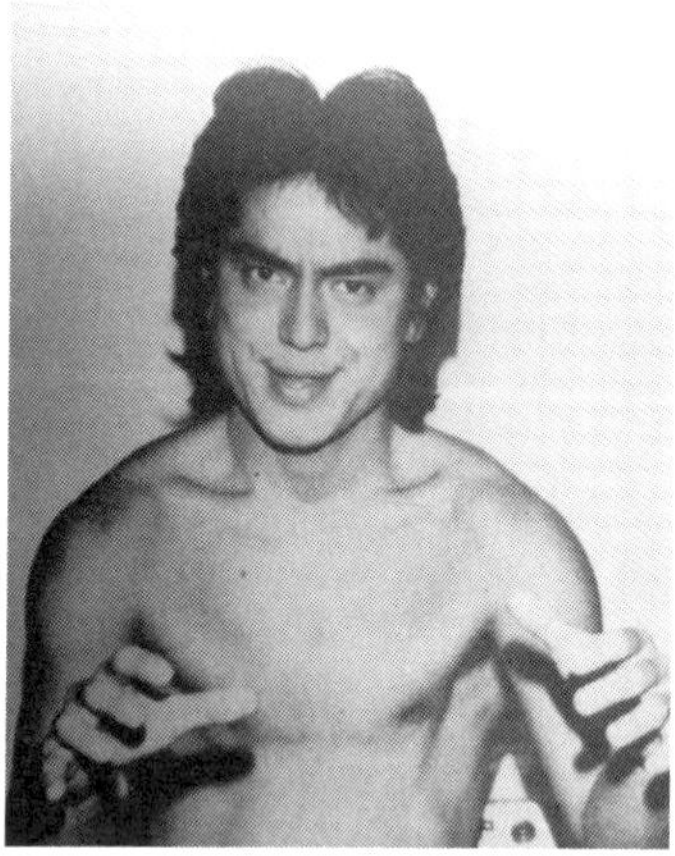
絶品だったアントニオ猪木の物まね(『ザ・ハンダースの公然の非密』より)。

め始めた。番組が運営するファンクラブも誕生し、あっという間に五千人の女の子が入会したが、素直に喜べないこともあった。「仕事が終わると電車で横浜の実家まで帰ってましたが、いつも十五人ぐらいのファンの子が付いてくるんですよ。自宅がわかってしまうと困るから、最寄り駅の改札で「はい、ここまでね」って、みんなを帰したりしました」。売れっ子アイドルも顔負けの人気ぶりは、その後もしばらく続いたそうである。

ブルース・リーに熱狂した清水アキラ

3代目チャンピオンの清水アキラに、都内の自宅で話を聞いた。生まれも育ちも長野で、スキーが得意な少年だったという。「当時から身近な人やタレントの物まねが得意で、学校やスキー部の合宿先でよく笑いをとっていたのね。レパートリーが四十人ほどあって、腕試しのつもりで「コメディアン道場」に出ました」。だが高校時代に挑戦したものの途中で破れ、大学へ進んでから再びチャレンジして、見事に5週を勝ち抜いた（なお最初の挑戦で清水を倒した相手だが、取材した関根勤も鈴木末吉も、それは自分であると証言した。さて真実やいかに!?）。

清水で真っ先に思い出すのが、カンフー映画の大スターだったブルース・リーの物まねである。「ブルース・リーさん、今日の調子はどうですか？「アチャーッ!」。暑い時は何を飲みますか?「オチャーッ!」。兄弟は何人ですか?「アンチャーン!」。あんちゃんが一人と言ってます、なーんてやってたな。衣装にも凝ってさ。チャイニーズ風に見せたくて、調理師が仕事中に着る白い服を自分で買ってきたり、ズボンのすそを靴下にはさんだりしましたよ」。顔つきもそっくりだったが、本家も顔負けの、切れ味鋭いアクションも圧巻だった。「そのころオレ、日本拳法もやっていたからね。ブルース・リーが得意だったヌンチャク[*24]もお手のものだったし。確か「コメディアン道場」に出た前の年に、彼の主演映画が日本で初めて上映されて話題になったので、すぐに観に行ったの。そうしたら、あの人の格闘家としてのすごさに感動しちゃって結局、映画を10回も観ちゃって。宿敵のオハラを倒す場面のスローモーション、それに、片足を水平に上げて「アウトサイド」って言う場面は何度、物まねしたことか!」。清水は身を乗り出して、興奮ぎみに映画『燃えよドラゴン[*25]』の名場面を再現してくれた。少年たちにとってブルース・リーは、学校の休み時間に武器のヌンチャクを手作りして、それを振り回しな

宇崎竜童になりきる清水(1975年8月30日開催の「NOW特派員クラブ」発足式にて)。

*24　2本の棒を鎖などでつないだ古武術の武器。

*25　73年12月に日本で初上映され、カンフー・ブームの火付け役に。

がら同級生と遊ぶなど、憧れの的であり無敵の英雄でもあった。

その後、ブルース・リーの物まねをする人がテレビに何人も登場したが、清水はその第1号かも知れない。「ほかには森田健作さんが青春ドラマで剣道の竹刀を振る時の「オシャーッ！」というかけ声とか、和田アキ子さんの「笑って、許して～」という独特の歌い方、あれもいろんな人がまねしたけど、テレビでやったのはオレが最初じゃないかな」。見事に5週を勝ち抜き、芸能界入り。しばらくすると所属する映像企画の指示で、新宿の小滝橋にあった3LDKのマンションで、のちにザ・ハンダースを名乗ることになる若者六人の合宿生活が始まった。76年4月のことである。

なお「ありがとうの小林くん」こと小林正弘は、「コメ道」に出たものの3週目で敗退。しかしタレントになる夢を捨てきれず、その後も銀座テレサに通い続けた。その熱意がスタッフに認められて、ザ・ハンダースの一員に選ばれたのだった。「ありがとうの小林くん」と呼ばれるようになったきっかけだが、ネタを演じる際に、ダジャレを言った後で必ず飛び切りの笑顔を見せ、さらに高笑いして「ありがとうございます！」と大声で言い放ったからである。ネタが観客に受けなくても、「ありがとうございます！」の連呼で強引に押し切るところが彼の芸風であった。

ザ・ハンダースがコントを演じた「NOW爆笑スペシャル！」

さて、彼ら六名の合宿生活とはどんなものだったのか。清水はこう証言する。「なにしろ六人とも昨日まで素人だったし、事務所が作った寄せ集めの集団でもあったから、何もできないわけですよ。そこで、事務所の方針でデビューまでにいろんな勉強をさせてくれたの。渡辺プロはぼくらを、所属するクレイジーキャッツ、ドリフターズに続く人気グループに育てようと考えていたから、先輩たちのようにバンド演奏[*26]ができるようにと、一人ずつ楽器の弾き方を教わったりしましたよ」。ほかにも一人前のコメディアンになるための勉強を続けた。「日大の先生や俳優の出光元さんから演技の基本も学んだし、作曲家の平尾昌晃さんから歌のレッスンも受けた。滑舌の練習もやったし。それから話題の舞台は事務所がチケットをとってくれたので、よく観に行ったな。木の実ナナさん、細川俊之さん主演の「ショーガール」とか、森繁久彌さん主演の「屋根の上のバイオリン弾き」とか」。

76年6月にファンクラブが結成され、その3ケ月後に、メンバー六人でコントを演じる「NOW爆笑スペシャル！」が、『ぎんざNOW！』の月曜日で始まった。そして同年12月、ついにザ・ハンダースが誕生した。青のジャケット、赤のネクタイというお揃いの衣装を

＊26　担当楽器はドラムが鈴木、リードギターが清水、サイドギターが中本、キーボードが佐藤、タンバリンほかが鵜沢。

事務所があつらえてくれた。グループ結成から、すでに8ケ月が過ぎていた。それまでは「しろうとコメディアン道場　花の六人衆」という仮の名前で番組に出ていたが、視聴者に呼びかけて「ザ・ハンダース」という名前を付けてもらった。六人組は1ダースの半分だから半ダースであり、まだコメディアンとしては半人前という意味もあった。その後、レギュラー番組も『笑って！笑って!!60分』[*27]『ロッテ歌のアルバム』[*28]『みどころガンガン大放送』[*29]（いずれもＴＢＳ）と順調に増えていった。またテレビ朝日の『みごろ！たべごろ！笑いごろ！』[*30]では、番組から生まれて大ブームになった電線音頭を、伊東四朗、小松政夫と一緒に毎週、狂ったように踊り続けた。

『ぎんざＮＯＷ！』に対するザ・ハンダースの貢献度は、とても大きい。ある時は集団で、またある時は個人で各曜日に出演して、「笑い」を振りまいたからである。

"コメディアン道場・花の六人衆"　会報No.1

お笑いかわら版

飛び出せ!!　コメディアン六人衆

花の六人衆時代の後援会会報（1976年7月発行の第1号）。

月曜放送の「ＮＯＷ爆笑スペシャル！」では毎週メンバー全員でコントを演じたが、それまで誰も集団でコントを演じたことがなかった。そこで所属事務所は、彼らにある単行本を手渡した。劇作家の井上ひさしが、構成作家時代にてんぷくトリオ[*31]のために書いたコント台本

＊27　75〜81年放送。伊東四朗と小松政夫が演じた家族コントが大受けした。

＊28　58〜79年放送。玉置宏の司会による、各地の公会堂から中継された歌謡番組。

＊29　77年放送。ピンク・レディー主演の学園コメディー。

＊30　76〜78年放送。伊東、小松のほかにキャンディーズ、西田敏行らもコントに参加。

＊31　三波伸介、伊東四朗、戸塚睦夫のコメディアン三人組。60年代にテレビ、映画で活躍。

を集めた本である。彼らはその台本を演じることでコントの基本を学び、先の「NOW～」でその成果を見せた。コメディー作家の前川宏司が細かく書きこんだ台本が毎回用意され、演出の居作中一らスタッフを交えて、毎週土曜日に稽古を重ねたが、即興や思いつきに頼ることなく、手間ひまをかけてコントを練り上げたのである。「けんちゃん（中本）が必ずツッコミ役で、ほかのメンバーがボケまくってね。けんちゃんが映画監督に扮した、撮影所のコントをよくやりましたよ。ボケ役もそれぞれ武器があってさ。アゴちゃんは持ち前の異様に長いあごでしょ。金造は話の筋を追う中で笑いをとるタイプ。末吉は「私、片平さ、な、ぎ！」っていう自己紹介のギャグがあったし、オレはカメラに向かって変な顔をするのが得意だった」（清水）。スタッフからの助言も、非常に勉強になったという。「特に演出の居作（中一）さんが毎回、とても具体的なアドバイスをしてくれてね。誰かがセリフを言い始めたら、周りの連中は動くな。動くと視聴者がそちらに気をとられるから、とか」。演出の居作は元俳優で、TBS『8時だョ！全員集合』初代プロデューサーだった居作昌果の実弟。ドラマ演出を経て『ぎんざNOW！』に参加したが、自身の演技体験が、演者が視聴者からどう見えるかという意識を育てたのだろう。

その居作ディレクターの後任が植木善晴である。ドラマの演出助手を経てTBS『笑って！笑って!!60分』でバラエティー番組を初演出し、同時に『ぎんざNOW！』も担当した。まだ24歳の若さだった。「「NOW～」の稽古は、ハンダースの連中も毎回真剣でしたよ。その場で彼らから次々にアイデアが出るから、台本の中身もどんどん変わっていった。それから、のちにコント作家の田村隆[*32]さんにも台本を書いてもらいましたが、あの方は『笑って！笑って‼60分』を書いていたので、ぼくからお願いしたんです」。コントでよく女の子を演じたのが鈴木末吉である。「ハンダース六人のうち、いつも二、三人が女性の役でした。ぼくは少女役が多かったけど抵抗はなかった。なにしろメンバーの中で一番小柄だったし。お客さんも毎回よく笑ってくれましたよ」。

ではザ・ハンダースのコントは、いかなるものだったのか。ひと言で表すと、全員がいつも小気味よく動き、元気よく声を張り上げていた印象が強い。例えば「ＮＯＷ～」のあるコントでは、映画を撮影中の二流監督（アパッチけん）が、役者に演技指導したりスタッフに指示すると、必ず助監督（佐藤金造）からダメ出しされる。この態度の大きな助監督は、映画の本場米国から帰国したばかり。何かにつけて「ハリウッドではね」と監督に意見するたびに、自らの技量に自信のない監督がコロコロと態度を変える所が笑いのツボで、セリフのかけ合いも毎回スピード感があった。

また先輩コメディアンの伊東四朗、小松政夫と毎回共演した『笑って！笑って‼60分』では、コントのオチで激しくずっこける場面で、メンバーそれぞれが転び方、跳び方を必ず工夫して存在感を示した。「前もって跳び方を決めておいた。でないとメンバー同士で衝突しちゃうから」（清水）。ザ・ハンダースが器用に動けたのは、実力派のスキー選手だ

＊32　青島幸男門下で、初の担当番組は『シャボン玉ホリデー』。以後『8時だヨ！全員集合』『みごろ！たべごろ！笑いごろ！』ほか、70年代を代表するバラエティー番組に多数参加。

った清水、バスケットに打ちこんだ鈴木を筆頭に、どのメンバーも運動が得意な体育会系だったからである。そんな彼らの笑いが新鮮に映ったのは、苦労の末に売れた芸人にありがちな、暗い屈折がなかったことが大きい。ザ・ハンダース最大の魅力は持ち前の若さ、明るさ、躍動感であり、そこに多くの10代が親しみを抱いたのである。

血気盛んな彼らは内輪もめが多かったが、なぜ「人を笑わせる」という目的に向かって一体になれたのか。そのきっかけは、全員で共同生活を始めた直後に起きた、ある事件だった。リーダーの小林正弘が、トイレの便座に腰を下ろして用を足しながら、あろうことか玉丼を平然と食べていたのだ。「本人によると、この方が合理的だと。食べながら出すんだからって」(清水)。この言葉に衝撃を受けたメンバーは、この日を境に、いかにして相手を驚かせ笑わせるか、その一点に熱中し始めた。いたずらは日に日に過激さを増し、自らの小便を紙コップに入れて、かけ合いをするまでに至った。呆れるほどバカげた話だが、こうした日常生活を送ることで、ザ・ハンダースはメンバーだけでなく、視聴者も笑わせることにのめりこんでいったのだ。

物まね版「想い出の渚」が特大ヒット

メンバーで最初に人気が出たのが、アゴいさむである。「なにしろあの長いあごが目立ったからね。それから、売り出し中だった草刈正雄さんとＭＧ５（整髪料）のテレビＣＭ[＊33]で共演したのも大きかった。「先輩！　久しぶりです！」っていうセリフまであったし」（清水）。その人気を受けて「ボクは塾生」というレコードを出し、一足早く歌手デビューも果たした。その1年後には、ザ・ハンダースとしての初のレコード「あなたは見たか！なんちゃっておじさん」を発売している。なんちゃっておじさんという奇妙な中年男が出没するという噂が広まり、それに便乗して企画された曲である。「でもレコードを出した時にはブームは去った後で、全く売れなかったな」（清水）。78年6月に小林正弘が脱退し、代わって清水がリーダーの役割を担った。その直後に幸運が訪れた。2枚目のシングル盤としてレコード発売した、「ハンダースの想い出の渚」が爆発的に売れたのである。

1978年4月発売の「あなたは見たか！なんちゃっておじさん」。初代メンバー六名で歌った唯一の曲。

最大のヒット曲「ハンダースの想い出の渚」。ジャケットは千葉県の御宿海岸で撮影された。

＊33　再会した元アメフト部の青年（草刈）とその後輩（アゴ）。「先輩！久しぶりです！」「元気でやってるか？」「はい！」

この曲は事務所の先輩であるワイルドワンズ[*34]がかつて歌った曲で、清水が有名人の物まねで歌うというもの。しかも登場する芸能人が、堺正章、宇崎竜童ほか総勢なんと十九名もいた。「1曲の中で何人もの物まねをやる形は、あれが日本初じゃないかな。あのレコードが売れたおかげで、ハンダースの名前が全国に広まったし、仕事も一気に増えた。しかも同じ年にデビューしたサザンオールスターズに勝って、全日本有線大賞の優秀新人賞までもらったし」。オリコン最高位22位を記録した「想い出の渚」の誕生にも、実は『ぎんざNOW!』は一役買っている。この曲のシングル盤が発売されたのは78年7月だが、その9ケ月前に発売された、『ぎんざNOW!』放送5周年を記念して発売された同名アルバムに、別ヴァージョン[*35]が収録されているのだ。この話を清水にぶつけると、彼もよく覚えていた。「そのLPの曲が銀座の有線放送で話題になったので、レコード会社が急きょシングル発売を決めたんですよ。実は物まね版の「想い出の渚」は、ハンダース結成直後にオレが考えた自信作でね。幼いころから歌うのが好きだったから、当時から音楽ネタをよく考えたけど、単に物まねを次々に変えながら「想い出の渚」を歌っても、メリハリが付かないでしょ？　そこで物まねを変えるたびに「次は和田アキ子！」って、司会者が名前を紹介するようにしたわけ。その役をアゴちゃんがやったんだけど、すごく練習したよ。だってアゴちゃんのセリフの間が悪いと、オレの歌い出しも微妙にずれちゃうから」。B面収録の曲では、鈴木末吉が歌と語りを担当した。「B面の曲がなかなか決まらなくて、

＊34　66年に自作曲「想い出の渚」でデビューした四人組。バンドの命名者は加山雄三。

＊35　シングル版に含まれない物まねは橋幸夫、天地真理、矢沢永吉、田中角栄、星飛雄馬、座頭市。

ぼくがプライベートで書いた詩を、たまたま担当ディレクターが読んで気に入ってくれました」（鈴木）。こうして誕生した「僕のおふくろ」は鈴木の実体験を綴ったもので、涙を誘う内容だった。夫を亡くし、女手一つで苦労しながら六人の子供を育て上げた自身の母親に対する小さなざんげと、大きな感謝の思いが詰まっていたからである。

結成5年目でグループ解散

レコード発売後は仕事が増える一方で、『ピンク・レディーの活動大写真』[*36]では映画初出演を果たした。女子学生たちを追い回すものの、最後に透明人間のピンク・レディーの二人に倒される不良学生役を演じたのだ。さらに土日は地方へ出かけて、スーパーマーケットやキャバレーでハンダース・ショーを開催。だが多忙な毎日を送る中で、清水は体調を崩してしまう。「息が吸えるのに、うまく吐けなくなってね。ストレスが溜まっていたんだな。仕事は好きだけど、一方で果たしてこのままでいいのかっていう気持ちも強くなって」。鈴木も行き詰まりを感じていた。「いつまで経っても、グループ内で小さなもめごとが絶えなかった。といっても、ぼくは誰かと激しく衝突することはなかったけど。メンバーの中で一番年下だから、末っ子みたいな存在だったのかな。実際ぼくは六人兄弟の末っ子だしね」。芸能事務所によって作られた集団ゆえに、一度まとまりが弱まると、タガ

＊36　78年12月公開のコメディー映画。監督は小谷承靖。

を締めなおすのが難しかったのだろうか。

そして80年の春、清水がグループを脱退。四人で仕事を続けたものの、半年後に活動を停止した。その事実はマスコミでほとんど報じられず、解散ライブも開かれないという寂しい幕引きであった。そのころテレビ界では漫才ブームが盛り上がりを見せ始めていたが、その主役はザ・ハンダースとほぼ同世代の、B&B、紳助竜介ほか関西から上京した若手漫才師たちであった。

鈴木末吉は解散後、物まねのほかに役者、司会者と芸域を広げた。84年にはアイスクリームのテレビCMに出演してアントニオ猪木に扮し、関根勤が演じるジャイアント馬場と戦った。「コメ道」の先輩後輩による初競演である。現在は鈴木寿永吉の名前で芸能活動を続けながら、都内六本木でカラオケパブ「ミリオン」を切り盛りし、興が乗ると、店内で物まねを披露することもある。「『ぎんざNOW!』は、思いがけず芸能界に入るチャンスをくれた。その後、芸能人をやめたことは一度もないけど、合宿所で教わったことは今でも役に立っていますよ」。ミリオンの入り口には、店を訪れた客たちと撮った写真が飾られており、その中には元ザ・ハンダースの面々や、物まねが縁で知り合ったアントニオ猪木も含まれている。

清水アキラは物まね芸を極めるために練習と研究に励み、試行錯誤の末にフジテレビ『ものまね王座決定戦』で初優勝。「ものまね四天王」[*37]の一人として一躍、時の人となった。

*37　清水のほかにコロッケ、栗田貫一、ビジーフォーのグッチ裕三とモト冬樹。

ザ・ハンダース脱退から8年も経っていた。「『ぎんざNOW！』は、間違いなくタレント清水アキラの原点。でもハンダースは、早咲きすぎた。なにしろいたずら好きで生意気な六人のあんちゃんが、いきなりタレントとして売れたわけでしょ？　だからスターの自覚はないし、自分たちの笑いのセンスに変に自信があったから、先輩やスタッフの前でも行儀が悪かった。だから、よく怒られましたよ」。鈴木末吉も、特に事務所の先輩だったコメディアンの小松政夫からよく叱られ、芸能界の常識を教えこまれたが、そのことを今も感謝している。

そのほかのメンバーの足どりだが、佐藤金造（現・桜金造）とアゴいさむ（現・あご勇）は「アゴ&キンゾー」の名前で体当たりコントを演じてバラエティー番組の常連に。解散後もお笑いタレントとして、今もそれぞれ活動中である。またアパッチけんは俳優に転身し、本名の中本賢を名乗って映画やドラマの常連だ。初代リーダーの小林正弘は、役者業を経て都内にふぐ料理屋を開店。だが16年に62歳で病没し、全員そろったザ・ハンダースの再結成は、かなわぬ夢となってしまった。

いきなり芸能界に飛びこんで苦労した関根勤

清水アキラは「ハンダースは早咲きすぎた」と語ったが、初代チャンピオンの関根勤も、芸能界に入ってから苦労を強いられた。なにしろ「コメ道」を5週勝ち抜いた翌週から、『ぎんざNOW!』月曜日のサブ司会にいきなり抜擢されたのだから、戸惑ったのも無理はない。「やってみたら司会はとにかく難しくてね。決められたセリフをきちんと言って番組を進行しないとダメだし、しかも『ぎんざNOW!』は生放送で時間がないから、ゲストや観客とじっくりトークする余裕もない。毎日が試行錯誤の連続でつらかったですねえ。ぼくにはタレントとしての下積み時代がなかったけど、言ってみれば、必死で修行している姿を『ぎんざNOW!』を通して視聴者に見せていたわけですよ」。関根の表情がくもった。テレビの画面越しには順風満帆に見えた彼の芸能生活も、「ラビット関根」を名乗っていた20代は結構つらかったのである。

「でも楽しいこともあってね」。彼の声がまた明るくなった。「今は女優さんになっている手塚さとみさんが[*38]、『ぎんざNOW!』でぼくのアシスタントをやってくれましてね。すごく明るい子で番組進行もやりやすかったし、さとみちゃん、可愛かったなあ。当時のぼくが仕事に自信を持っていたら、「さとみちゃん、デートしようよ」って誘えたかも知れないけど、無理でした。なにしろ毎日がふがいなかったですから。後から出てきた芸人たちにも追い抜かれたし」。ところが当時の関根は現実を受け止められず、周りが見えないまま自己評価ばかりが高くなっていった。「オレの方があいつより実力は上だ、必ず追い抜いてやる！　って、自分の中で暗黒をふくらませていたんです。まるでマンガの『魔太郎

*38　現・手塚理美。子供モデル時代に出たテレビCMが話題になり、グラビアなどで活躍。76年には「パジャマSong」で歌手デビュー。

がくる！』[39]みたいに」。日々深まっていく苦悩を誰にも明かさなかったが、本心を見抜いていた人もいた。スタッフ最年長だった青柳脩プロデューサーは仕事には厳しく、何度もダメ出しされたが、それと同じくらい何度も元気づけられた。同じような体験をした出演者やスタッフはとても多い。

関根はその後、自身と同世代で「コメ道」出身の小堺一機や、所属事務所の大先輩である元コント55号の萩本欽一との出会いを通して、テレビで大活躍するようになっていく。「20代のぼくは、『ぎんざNOW！』やそのほかの仕事を通して「悔しさ貯金」を増やしていったけど、そのおかげで今の自分があると思う。それから今、活躍中の若手中堅のお笑い芸人には、師匠がいないんですね。みんな芸能事務所が運営する芸人養成学校で、笑いの基本を勉強している。ところが、ぼくがデビューしたころはそんな学校もないし、師匠に付いて修行しないと芸人になれなかった。今から思うと、ぼくは「師匠なしでプロの芸人になった第1号」だと思うんですよ」。昨日まで平凡な学生だった関根がテレビの世界で華々しい活躍を見せるにつれて、芸能界への憧れを抱いて「コメ道」に応募する若者の数が、どんどん増えていったのである。

＊39　72年に藤子不二雄Ａが発表した漫画。いじめられっ子の少年が超能力で復讐する物語。

落語家に転じた花より団子、和田アキ子の物まねで売れたハマッコ吉村

正確な記録は見つけられなかったが、「コメ道」から少なくとも二十名のチャンピオンが誕生している。初代の関根勤、ザ・ハンダースのメンバー以外にもその後、芸能界に飛びこんだ若者が多くいるので順に紹介したい。なおその顔ぶれだが、ご当人の記憶と、番組5周年記念の回（77年10月28日放送）の台本に記された一覧表に基づいている。

6代目の花より団子《だんご》こと本名・松本貢一は、60年に大阪府で生まれ、中学1年生の時に両親が失踪したために、一人で極貧生活を続けながら学校に通った。友人を笑わすのが得意だった彼は、生活費を稼ぐために地元のテレビ局のお笑いコンテスト番組に軒並み出演して、優勝をさらっている。そして次に狙ったのが「コメ道」だった。松本少年が高知県に住む親戚の家に遊びに行ったら、たまたまテレビで「コメ道」を放送中だった。自分も出たいと思ったが、番組が決めた通りにハガキで申しこんでは目立たない。そこで直談判しようと、TBSの電話番号を調べて番組の担当者に電話をかけた。交通費は要らないから、なんとか番組に出してくださいと、強く訴えたのである。電話を受けた吉村隆一プロデューサーは、その意表を突いた売りこみ方に驚かされた。「東京のTBSまで来る金が

ないと言うので、特別に電話でオーディションに参加してもらった。そこで彼は落語をやったが、これがとても面白かったんですよ」。

果たして松本少年は「コメ道」に挑んで5週を勝ち抜いたが、芸能界には進まず、17歳で人気落語家の桂枝雀[*40]に弟子入り。直後に桂雀々と名を改め、今は本拠地を東京に移して活動中である。なお「コメ道」は賞金が出なかったので、勝ち抜くごとにもらった参加賞の腕時計を近所のおじさんに買ってもらって、家計の足しにしたという。ちなみに『ぎんざＮＯＷ！』は関東地区のみの放送だが、番組の好評を受けて、短い期間ではあるが、高知県のほかに宮崎、山口、秋田、山形の各県でも放送されたことがある。

11代目の吉村明宏は57年生まれで、出身地の横浜を自らの愛称にして「ハマッコ吉村」を名乗った。最初のうちは審査員から「声が小さい」などと弱点を指摘されたが、順調に勝ち抜いた。得意技は芸能人の物まねで、歌手の沢田研二、前川清、俳優の田中邦衛などを取り上げた。優勝後、出演者に欠員が出たことがきっかけで金曜日のコーナー司会などを務め、ザ・ハンダースと同じく、渡辺プロ傘下の映像企画に籍を置いた。だがその後は伸び悩み、のちに自身の半生を回顧した著書『ビンボー怒りの脱出！』を読むと、行く末を案じた番組の青柳脩プロデューサーから、「早くサラリーマンになれよ」と忠告されたそうだ。ほどなくしてホリプロへ移ると、「コメ道」出演時から十八番だった、和田アキ子の声色で発する「ハヒフヘホーッ！」を前面に押し出すことで、売れっ子タレントに成

＊40　東の古今亭志ん朝と並ぶ関西落語の雄。演目は古典にとどまらず、英語による落語に取り組むなど新たな挑戦を続けた。99年に59歳で自死。

長した。

小堺一機、竹中直人、柳沢慎吾

「コメ道」に挑戦したお笑い好きの学生たちのほとんどは声も動きも大きく、元気はつらつとした感じで持ちネタを披露した。だが77年7月に17代目チャンピオンに輝いた青年は異彩を放っていた。今もテレビを中心に活躍している小堺一機、21歳である。

56年生まれの彼は、しゃべり方が穏やかで物腰も柔らかく、ネタも凝っていた。おとぎ話の登場人物を芸能人の物まねで演じ分けたり、田村正和が裁判官だったと仮定して被告と会話したり。しかもまねた芸能人が川谷拓三、桃井かおり、近藤正臣、水谷豊など、ほかの挑戦者が手を付けていない人物を選んだあたりも新鮮で、映画が大好きな小堺らしく、映画評論家の淀川長治の物まねも絶品であった。優勝後は木曜日の制作を請け負ったAV企画に所属し、水曜日のコーナー司会などを務めたが、関根勤との共著『コサキンの一機と勤』を読むと、「コメ道」に挑んだのは年末に失恋して落ちこみ、「来年はちがった年にする！」と奮起したことがきっかけだったとか。また審査員から「君は暗いね」と言われたが、数年後に小堺は、その厳しいひと言を浴びせた浅井良二が社長を務める浅井企画に移るのだから、人と人を結ぶ縁とは不思議である。

19代目チャンピオンは現在は俳優、映画監督の竹中直人である（77年10月に優勝）。なんでも大学の同級生が本人に内緒で応募ハガキを送ったそうで、本番では、身内に好評だった物まねを演じて笑いを誘った。取り上げた芸能人が「なんじゃこりゃー！」の松田優作、「チー坊！」の石立鉄男、「んー、クサカリです」の草刈正雄、「しゃぁー、吉川くーん！」の森田健作などで、いずれも当時の売れっ子男優である。10代から俳優を志した竹中らしい人選ではないか。またブルース・リーも大好きだったようで、この伝説のカンフー俳優の物まねも素晴らしかった。演出の植木善晴も「コメディアン道場の全ての出演者の中で、もっとも物まねがうまかった」と、竹中の芸を絶賛した。

「NOW特派員クラブ」の合宿に参加した小堺一機、当時21歳（左）。1977年8月、千葉県の行川アイランドにて。

　竹中といえば、草刈正雄が司会を務める料理ショーに次々に有名人がやって来るというネタを思い出すが、どの物まねも当人の個性をうまくとらえていた。だが彼のネタを繰り返し見るたびに、「物まね」という芸の限界も感じるようになった。次は誰が登場するか先が読めてしまうのが一つと、それから物まね芸は確かに面白いが、飽きるのも早いのである。「コメ道」のチャンピオンには竹中のように物まねに重きを置いた人が多いが、そうした壁に突き当たった人もいたのではないか。新しい物まねを開発するのは、容易ではないからである。

その後、竹中は劇団青年座で芝居を学び、映画やドラマにも小さな役で出るようになったが、その存在を広く知られるきっかけも、やはり彼の物まねだった。「コメ道」出演から6年後の83年にテレビ朝日『ザ・テレビ演芸』に出演し、「飛び出せ！笑いのニュースター」のコーナーでチャンピオンになったのだ。「コメ道」の審査員は、竹中が「笑いを取るために物まねに頼りすぎる」と指摘したが、『ザ・テレビ演芸』ではその部分を見事に改善していた。松田優作の表情で森田健作の声まねをするなど、ネタがより複雑になっていたり、「笑いながら怒る人」「吐きそうで吐かない酔っ払い」など、物まねとは別の方法でも観客の笑いを誘うように工夫していたのだ。その後は俳優業に軸足を置きながら、たまにバラエティー番組にも出演し、歌手、映画監督と表現の場を広げていった。

20代目の柳沢慎吾は高校1年生で、同級生の常磐哲也と組んでコントを演じた（77年11月に優勝）。始まりのあいさつはいつも、「てっちゃんです！」「しんちゃんです！」と元気いっぱいで、二人の会話はしばしばセリフが聞き取れないほど早口だった。おそらく猛烈な勢いによって、観客を自分たちの世界に引きこもうとしたのだろう。もう一つ感心したのは、効果音まで自分たちで再現して見せたことだ。たとえば自動車が目の前を猛スピードで走り抜ける場面で、その音を自分たちで口まねしたのである。

彼らのネタで特に新鮮に映ったのが、柳沢による、俳優の露口茂が演じた名刑事、愛称山さんの物まねで、相棒のてっちゃんが演じる、松田優作の当たり役となったジーパン刑事とのかけ合いは、両者が出演していた人気ドラマ『太陽にほえろ！』[*41]の秀逸なパロディーであった。またこの二人組は、毎回小道具を数多く使ったところも珍しかったが、柳沢の著書『スペショル』によると、箸で作られた車のワイパーといった小道具の数々は、彼の父親の手作りだった。きっと家族をあげての応援だったのだろう。また4週勝ち抜いた直後に、番組スタッフから「このままいったら来週は危ないよ」と忠告され、二人は危機感を募らせた。そこでスタッフに「来週は中間テストがあるから、番組を休ませて下さい」とうそをつき、その間にネタ作りに励んだそうだ。だが高校卒業を機にコンビは解消。常盤は自衛官になり、柳沢は役者の道へ進んで、近年はバラエティー番組でも笑いを振りまいている。

とんねるずの石橋貴明、たけし軍団のラッシャー板前

5週勝ち抜くことは叶わなかったが、のちに芸能界に入った「コメ道」出演者もいる。

＊41　70年代を代表する刑事ドラマ。萩原健一、松田優作、勝野洋ら新人刑事の殉職シーンも話題に。日本テレビ系にて放送、

とんねるずの石橋貴明は、中学3年生の時に同級生の島崎伸一と出演した。ハマッコ吉村が勝ち進んでいたころである。コンビ名はザ・ツンパで、パンツを逆さに読んだものだ。石橋は出演当日の様子を、とんねるず初の著書『天狗のホルマリン漬け』に記している。

その日、二人は学校の授業を終えると、Tシャツにジャージ姿という中学生らしい出で立ちで、銀座テレサに乗りこんだ。二人とも運動部に入っていたので、頭はスポーツ刈りだった。石橋も島崎も「笑い」に真剣だった。「受験を控えているのに、コメディアン道場で5週勝ち抜くことを目標に、数カ月ケイコした」（前掲書より）。本気でプロのお笑い芸人になりたかったからである。スタジオに着くとリハーサルをしたが、ネタを見たディレクターはあまり笑わなかった。そして生本番が始まり、司会のアゴいさむの紹介で二人が登場。「どうも。ツンパですけども、今日はまず準備体操からやりたいと思います。聞いてください。ニャンニャン音頭」。すかさず二人が歌い出し、手足を奇妙にくねらせた。「ニャン・ニャン・ニャンコのオケツにさ、カニが入っただよ。ニャン・ニャン」。観客を占める中高校生たちが爆笑し、その後も二人は下ネタを連発して笑いを取り続けた。そして1週目を勝ち抜き、2週目に臨んだ。「先週よりバカ受けした。しかし、審査員の浅井企画の社長さんには、おもしろくないと一蹴された」（前掲書より）。社長の浅井良二は辛口で知られたが、お世辞を言わないところに、いつも誠実に素人たちの芸と向き合っている姿勢を感じた。

結果、あえなくザ・ツンパは敗北し、観客たちから不満の声が起きた。石橋も判定に納得できなかった。というのも、『ぎんざNOW！』に出ることを学校に黙っていたために、1週目の翌日に担任教師が彼らの出演を知って激怒。そして、学校側から番組スタッフに横やりが入ったせいで自分たちは負けたと、石橋少年は考えたのだった。よほどこの敗北が悔しかったのだろう。高校を卒業後にホテルに就職した石橋は、ほどなくして同級生の木梨憲武と組んでプロのお笑い芸人を目指し、コンビ名を「とんねるず」に変えると、瞬く間に売れていった。また相方の島崎伸一も芸能界に飛びこみ、高校を卒業するとお笑い芸人を目指して志村けんに弟子入り。だが夢破れて、その後は志村主演のコント番組で台本を書くようになり、今も放送作家として活動している。

石橋に限らず、教師や親に内緒[42]で『ぎんざNOW！』に出演したものの、後でそのことが明るみになって、こっぴどく怒られたという話はとても多い。また、生放送を見た同級生たちから喝采を浴び、一夜にして学校一の人気者になったという10代も、『ぎんざNOW！』出演者には数多くいる。それからたまたま生放送を見た教師が、客席に教え子を見つけて警察に通報し、あとで担当プロデューサーが警察から呼び出されて、お灸をすえられることも少なくなかった。だから賢い子たちは番組を観に行った際、カメラが自分の方に向けられるたびに、すかさずうつむくか、手に持った紙などで顔を隠した。いずれにしろ一般人がテレビに出ることが、良くも悪くも大事件だった時代ならではの話である。

＊42　スタジオ内に設けられた「学校招待席」には、学校から出演許可をもらった学生が、毎回二十名観覧できた。

なおザ・ツンパを2週目で破った少年が、のちにたけし軍団に入るお笑い芸人のラッシャー板前だったとの噂を耳にしたが、所属事務所に確かめたところ事実とわかった。千葉県出身の中学生だった鈴木浩こと現在のラッシャー板前は、友人との二人組で出演したが、その一番の目的は、鈴木末吉や花より団子と同じく、参加賞の腕時計だった。のちに芸能人となって初めてとんねるずの石橋と再会した際に、「あの時の鈴木くん!?」と非常に驚かれたそうである。

物まねを極めた丸山おさむ、小説家になった松野大介

実力派の歌まね芸人である丸山おさむは56年生まれで、出演したのが桜金造が勝ち進んでいた時期というから、75年の秋ごろの話だろうか。出演のきっかけが面白い。会社の同僚が『ぎんざNOW!』をよく見ており、「お前が出演すれば公開生放送を観に行ける」との理由から、同僚が応募ハガキを勝手に送ったのである。惜しくも5週目で敗退したが、もしその時にチャンピオンの座を手に入れていたら、ザ・ハンダース結成に誘われていたかも知れないから、運命はどこでどう変わるかわからない。なお丸山は、「コメ道」では「芸能人の野球大会」という設定で有名タレントの物まねを次々に披露したそうだ。「有名人の短所ではなく長所をまねる」を信条に、今も全国各地のステージに立っている。

かつてタレントの中山秀征とお笑いコンビのABブラザーズ[*43]を組み、解散後は作家に転じた松野大介も、中学3年生の時に「コメ道」に挑戦している。彼の自伝的小説『芸人失格』には、その時の様子がおそらくほとんど脚色されずに、事細かに記されている。

松野はTBSで行なわれたオーディションの場で、「ロック歌手の口の曲げ方のちがい」を披露した。矢沢永吉はこう、世良公則はこう、といった具合に。なかなか独創的な発想である。審査した番組スタッフの反応は悪かったが無事に予選を通り、生本番の日を迎えた。だが練習通りにネタを演じたものの、スタジオの観客はほとんど笑わない。「何人もの客の顔。その後ろにはカメラ、そしてその向こうにはテレビの前の人たち。いまこの場にはひとりしかいないし、自分だけが見られていて、自分次第で目の前の世界が変えられる。そう自覚すると、込み上げてきたエネルギーに動かされる感じで、とっさにアドリブで目の前に座っているその日のゲストのサーカスの歌をうたった」（前掲書より）。すると客席の数人が声をあげて笑い、あっという間に持ち時間の2分が終わった。審査員の一人が「間はいいね」とほめてくれたが、実はこの日が「コメ道」の最終回だった。おそらく78年9月ごろの話だろう。翌日、松野は学校へ行くと、とんねるずの石橋がそうだったように、放送を見た友人たちから絶賛された。しかも、さほど付き合いのなかった級友までが親しげに声をかけてきて、ちょっとしたスター気分を味わった。米国の芸術家アンディ・ウォーホルが残した名言ではないが、「人は誰でも15分間は有名になれる」というこ

＊43　85年結成。フジテレビ『ライオンのいただきます』にレギュラー出演して頭角を現すが、92年に解散。

とだろうか。

このほかにも学生時代に「コメ道」に出演し、卒業後タレントになった人物の噂をいくつか耳にした。結局、真偽を確かめることはできなかったが、その人数は想像以上に多いのかも知れない。

芸能界に進まなかったチャンピオンたち

チャンピオンにはなったものの、その後プロの道に進まなかった面々も多い。

75年に優勝した4代目の狂乱ものまねシスターズ（高島千鶴、伊藤かおる）は、二人とも高校を卒業して77年の春から社会人になった。高島は幼いころから芸能界に憧れていたが、「コメ道」でチャンピオンに選ばれたことで満たされた部分があったという。

9代目のザ・大和なでしこ（小林妙子、増子シズ江）は、二人とも声が小さめで、しかも淡々とした口調でネタを展開した。また日常生活から話題を拾ってくるのが、大きな特徴でもあった。「来月、国鉄のストがあるらしいですね」「また足を奪われるわねえ」「痛いでしょうねえ」「バンソウコウ貼ったら？」「それじゃ効かないわよ」「だったらシップ貼ったら。だってスッとするでしょ？」。物まねではなく会話の面白さで勝負したコンビで、その後、二人とも幼稚園の先生として働いたそうである。

10代目のニューヨコスカーズ（山本隆司、野村隆弘）は、二人とも見た目はツッパリ風で、特に山本は顔つきが萩原健一そっくりだったこともあって、彼の物まねを好んで披露した。優勝後、芸能界に進むか悩んだが、結局二人とも大学に通い続ける道を選んだ。

12代目の松井啓子は、「ものまねおけい」の愛称でもわかる通り、芸能人の物まねを得意とした。一番の自信作は桜田淳子[*44]である。といっても当人にはさほど似ておらず、むしろ現役の可愛いアイドルたちの特徴を見つけては、そこを少しいじわるな目線で大げさに表現するところに笑いのツボがあった。いずれは女性だけでロックバンドを組み、レコードを出したいと語っていたが、さてその夢は叶ったのだろうか。

13代目はダンディーⅡ《ツー》で、76年9月に5週を勝ち抜いた。「ウータン」こと鈴木康雄と「ジュンくん」こと春日井潤の二人組である。テンポの良い会話が実に心地よく、春日井の肥満した体型でよく笑いを取っていた。優勝後は木曜日にレギュラー出演し、コーナー司会などを1年ほど担当した。その後、鈴木は市役所に勤めた。

14代目の佐藤裕子は北海道出身で、その体型がふくよかだったことから、寮の先輩に「コロちゃん」というニックネームを頂戴した。人を笑わせるのが三度の飯より好きで、憧れの芸能人は研ナオコだと語っていた。大学を卒業して就職したようだが、今でも周りの親しい人たちを笑わせているのだろうか。

15代目の逆井浩幸は細身で背がとても高く、きれいに剃った頭をよくネタにしていた。

*44　73年に「天使も夢みる」で歌手デビューし、「私の青い鳥」「花物語」などの曲が売れた。俳優、コント役者としても才能を開花。

運動神経が良く、確か高校の野球部に在籍していたはずである。情緒不安定というか、落ち着きのなさが特徴で、面白さと異様さが同居しているところが目新しかった。優勝後は友人と組んで「あき坊ひろ坊」の名前で月曜日にレギュラー出演したのち、単独で木曜日にしばらく出ていた。ピエロ姿のターボー、せんだみつおのマネージャーだった三上良[*45]と「三色スミレ」なるトリオを組んで毎回、登場したのである。その後は「ユルブリンひろ坊」と名乗って出演したが、剃った頭が米国の著名な俳優であるユル・ブリンナーそっくりだったことから付けられた芸名だ。ほどなくして番組で姿を見なくなったので、おそらく一般人に戻ったのだろう。

77年4月に優勝した16代目のハナミズコ（石田明美、小林静子）は、身長差のある凸凹女性コンビだった。同年8月に5週を勝ち抜いた18代目の横田恵美はぽっちゃりした女の子で、いつもオーバーオールを着ていた。もっとも笑いを誘ったのが「大奥マル秘物語」という漫談である。かつて江戸城にあった女だけの花園である大奥。この閉ざされた世界で繰り広げられるドロドロとした人間ドラマを、芝居がかった口調でしゃべるのだが、それがなぜか嫁と姑のいびり合戦へと発展することもあった。

俳優に転身、日本料理店を経営

*45　75年に映画『トラック野郎・御意見無用』、同『爆走一番星』に出演。

いずれのチャンピオンもすでに60歳前後だが、その消息と近況を調べてみた。

すると元ニューヨコスカーズの山本隆司の所在がわかり、電話で思い出話を聞かせてもらうことができた。『ぎんざＮＯＷ！』に関する取材は初めてだという。「そのころぼくは大学生で、先輩たちの前で見せた物まねが好評だったので、目立ちたいのと腕試しのつもりで「コメディアン道場」に挑戦しました。演じたのは、アニメ『いなかっぺ大将』[*46]の主人公の風大佐衛門や、憧れの存在だったショーケン（萩原健一）や永ちゃん（矢沢永吉）の物まねで、優勝後に『ぎんざＮＯＷ！』の木曜日に何度か出演させてもらいましたよ」。コンビ名は地元の神奈川県横須賀市にあったディスコの店名から付けたもので、店のオーナーが作ってくれたスカジャンを着て「コメ道」に出た。「ところが、せっかくスカジャンに「ニューヨコスカーズ」と刺繍を入れてくれたのに、それが背中だったので、本番でほとんどテレビに映らなかったのが残念だったな」。ちょっと不良がかった当時の青年たちにとって、ドラマ『傷だらけの天使』で冴えない探偵くずれを演じたショーケンや、キャロルというバンドでロックンロールを熱唱していた永ちゃんは最大の英雄であり、山本のほかにも「コメ道」で彼らの物まねを演じた挑戦者は多かった。現在は、神奈川県横須賀市で評判の日本料理店を営んでいる。

それから元ダンディーⅡ《ツー》の春日井潤が、30代の後半から「春日井順三」の名前で俳優業を始めたことが判明した。しかも『相棒』『龍馬伝』『ゲゲゲの女房』といった話題のテレ

＊46　70〜72年／フジテレビ。風大左衛門は純情な柔道少年で、語尾に「〜だす」を付けて話すのが特徴。

ビドラマに出たり、人気アイドルのＳＫＥ48が歌う「バンザイＶｅｎｕｓ」の音楽ビデオに警備員役で出演するなど、なかなかの活躍ぶりである。「コメ道」のころはふっくらとしていた顔つきや体型も、年齢を重ねて、かなりすっきりとした感じになっている。

応募者も減り、ついにコーナーが終わる

初代チャンピオンの関根勤以降、多くのプロ芸人を世に送った「コメ道」も、77年に入ると陰りが見え始めた。担当ディレクターの植木善晴は、その一因はチャンピオンが生まれにくくなったことにあると言う。「ハンダースまではほぼ2ケ月おきにチャンピオンが誕生したので、番組も大いに盛り上がったが、その後、5週勝ち抜ける人が出にくくなった。次第に応募者の数も減ったので、オーディションの回数を増やしたのですが」。出場者が演じるネタをより面白くするために、内容を大きく変えない範囲で助言もしたが、優秀な人材に出会えなくなっていった。苦肉の策として歴代チャンピオンが集合する「卒業生大会」などを開くと盛り上がったが、それも一時的だった。

下り坂を転がり始めた「コメ道」が、78年4月に派手な花火を打ち上げた。歴代チャンピオンが勢ぞろいしてネタで競い、優勝者を決める企画を7週も続けて放送したのだ。毎週三人のチャンピオンが登場し（花より団子、ニューヨコスカーズ、狂乱ものまねシスタ

ーズ、佐藤裕子は不参加）、前川宏司、浅井良二、古谷昭綱、車だん吉らおなじみの審査員たちがネタの出来ばえを批評した。

そして決勝戦の日を迎え、四名がネタを披露した。

最初に登場した鈴木末吉は、開かれた直後だったキャンディーズの解散コンサートに引っかけて、「もしハンダースが解散したら」というネタで始まり、続けて話題は浅草へ。「この前、三社祭を見に行きましたけど、病院にもお祭りがあるんですってね。患者祭！」。2番手は柳沢慎吾&常盤哲也で、十八番であるジーパンと山さんの会話という、ドラマ『太陽にほえろ！』のパロディーを演じた。また二人が車で移動する場面では、「カンカンカン」と音の出る踏み切りの遮断機が登場したが、これも彼らが作った小道具である。お次の小堺一機は、田村正和司会のニュースショーで勝負。途中で世良公則、大場久美子、春日三球、Ｃｈａｒと、時の人たちの物まねをはさみこむ展開で、最後は水谷豊による新曲情報をやり、ダジャレの連続で攻めた。「キャンディーズの新曲「微笑がえし」のＢ面だってさ。裏返し。いい曲だよお～。次は平尾昌晃と畑中葉子の新曲、これもすごいよ。字を覚えたばかりの子が手紙を書いたよ。カナダらけの手紙。最高の曲だよ～」。トリは清水アキラで、大きな紙に「和田アキ子」「森進一」などと物まねのネタをいくつも書いて貼り出し、上から順に立て続けに、しかもそれぞれを一瞬だけ演じて見せた。物まねの引き出しが多い人ならではの演出である。

結果、清水が優勝を手にし、賞品のサイパン旅行を獲得した。そのことを本人に会った際に告げてみたが、仕事がものすごく多忙な時期だったせいか、全く覚えていなかった。こうした特別企画は確かに目新しかったが、楽しさも長くは続かなかった。もちろんチャンピオンたちのその後の活躍は喜ばしいことである。だが「コメ道」を愛した視聴者の多くは、類まれなる若き才能との出会いをいつも期待し、「新たなスターが誕生する瞬間」を見たかったのである。

「コメ道」は78年9月末をもって、4年と2ケ月の歴史に幕を下ろした。このコーナーは、今も芸能界の第一線を走るタレントたちを輩出したことで、その名が語り継がれている。もちろん彼らの元気な姿をテレビなどで目撃することは、番組を見てきた者として実にうれしいことである。だが、優勝後に市井の人として生きる道を選んだチャンピオンたちもまた、番組を大いに盛り上げた功労者であることを忘れたくない。のちに「コメ道」は「お笑い芸人の登竜門」と呼ばれたが、その本来の目的は、各地の学校にいる面白い少年少女に活躍の場を与えることだったのだから。

第2章

世にも珍しい「レストランスタジオ」から生放送

三越とTBSが共同で作ったスタジオ「銀座テレサ」

『ぎんざNOW！』はその題名からもわかるように、東京を代表する繁華街である中央区銀座にあった、「銀座テレサ」というスタジオから毎回生放送された。この施設は同番組のために作られたものだが、その成り立ちには興味深い事実がある。老舗デパートの三越、現在の三越伊勢丹が深く関わっているのだ。

そのころの銀座は高級店が立ち並ぶ「おしゃれな大人が集まる街」であり、『ぎんざNOW！』の最多支持層である都内とその近郊に住む10代には、なじみの薄い場所だった。その街の中心に店を構える銀座三越の店長に、ずっと宣伝畑を歩いてきた54歳の岡田茂が着任した。68年のことである。岡田は「もっと若者が来てくれるデパート」を目指して、店の入り口に色とりどりの電球を数十万個も付けたり、木々に囲まれた舞台の「森の劇場」を屋上に作るなど、大胆な改革を行なって成果を上げた。

さらに岡田は「レストランやティールームは（中略）ファッショナブルな最新の感覚を摂取する情報源でもある」（著書『創造する経営』）と考え、三越の社長になった72年に行動に移した。若者に向けて情報発信をする場を作るべく、TBSと共同で「銀座テレサ」を運営する同名の株式会社を設立したのだ。

開業直後のスタジオ内部。奥の方にステージ、ピアノ、テレビ用のカメラが見える（商店建築社発行『商店建築』1972年12月号より。撮影／原栄三郎）。

銀座テレサの外観イラスト（LP『ぎんざNOW』封入の解説書より）。交通量の多い晴海通りから1本入った場所に入り口があった。

「銀座テレサ」とは72年7月に、銀座三越の裏手にあった三越別館に造られた施設で、1階にはピザが名物だった広さ30坪の喫茶店があり、2階には、一般人も観覧できる90坪のテレビスタジオがあった（住所は中央区銀座4―7―4）。このスタジオが独創的なのは「レストランと兼用」だったことで、ふだんは客に軽食や飲みものを提供し[*1]、テレビ番組の生放送がある時はスタジオに早変わりするという、多目的の施設だったのだ。フロアの奥には小さな舞台があり、見上げると天井は高く、そこにはテレビ用の巨大な照明がいくつもぶら下がっていた。新しい刺激を求める10代にとって、娯楽の王様であったテレビの世界を身近に感じられる数少ない場所、それが銀座テレサだったのである。

では三越とTBSは、なぜ手を組んだのか。そのころ銀座三越の販促部長だった金岡岩雄によれば、銀座三越の繁栄と銀座全体のイメージアップを望む三越と「TBS放送の自社内のスタジオだけでなく、積極的に街の中に飛び出していこうという姿勢が一致して、出発点となった」という（『商店建築』72年12月号）。また岡田茂の次男・之夫が69年にTBSに入社していたことも、おそらく両社の距離を近づけたのだろう。

同じころTBSでは、テレビ本部長で、のちに同社の社長に就任した山西由之の主導により、社外スタジオを作る準備が始まった。72年9月にはテレビ本部内にステーションG室を新設。「G」は銀座の頭文字で、同部署は、銀座テレサから放送する番組の制作を任された（なお76年7月に「銀座分室」と改称され、第2制作局内に移された）。

＊1　価格はコーヒーと紅茶が150円、ビールが200円で、一番高いのがポークソテーの450円。

『ぎんざＮＯＷ！』放送1週目の台本に記されたステーションＧ室の顔ぶれは、室長の引田惣彌[*2]と、市橋俊雄、岸本茂、石井浩、柳田二三雄、鴨下信一[*3]、井原利一の計七名。鴨下と井原はプロデューサーとして番組作りの先頭に立ったが、鴨下はこの人事異動を左遷と感じたという。

番組開始時の提供スポンサーは東芝、森永製菓、マンダム、武田薬品工業である。それまでどの民放テレビ局も、夕方のこの時間帯は幼児と学生しかテレビを見ないとの判断から、アニメや特撮ドラマの再放送しか流していなかった。それはＴＢＳも同じだったが、視聴率が低い時間帯の番組にも関わらず、これら有名企業が広告費を出したのは、ＴＢＳ入社以来、営業マンとして実績を積んだ引田室長の尽力もあったのだろう。さらにＴＢＳにとって同番組は、収益率が悪い平日夕方の時間帯で、制作費をかけずにどれだけ利潤を上げられるかという、経営上の実験でもあったはずである。

1972年10月2日、ついに番組が始まった！

72年10月2日、月曜日。ステーションＧ室が初めて作った記念すべき二つの番組が、銀座テレサから生放送された。平日の午後5時から5時半までの『ぎんざＮＯＷ！』と、同じく平日の午後11時半から0時35分までの『ぎんざナイト・ナイト』[*4]である。両番組とも

＊2　東大を卒業後、54年にＴＢＳに入社し、定年退職後はテレビユー福島の社長に。著書『全記録　テレビ視聴率50年戦争』。故人

＊3　東大を卒業後、58年にＴＢＳに入社。のちに『岸辺のアルバム』『ふぞろいの林檎たち』『高校教師』といった話題のドラマを演出。

＊4　74年3月まで放送。土居まさる、飯干晃一、猪俣公章らが日替わりで司会を担当。番組前半は曜日別の特集で、後半はエロティックなコーナー。（134ページコラムを参照）

視聴地域が関東地区に限られたために宣伝費が少なかったのか、マスコミもほとんど話題にせず、実にひっそりとした船出であった。なお「NOW」は、「ヤング」と並んで当時の若者が好んで使った言葉である。

その初回は、神主が銀座テレサで祝詞を読み上げ、番組のヒットを関係者全員で祈願するというおごそかな場面から始まり、青春スターの石橋正次と仲雅美、ハーフ美少女の松尾ジーナが持ち歌を披露した。

毎日放送されるコーナーには、娯楽全般に関する最新の話題を提供する「ヤング情報局」と、駅の伝言板のように自由に利用できる「ヤング伝言板」があった。前者では、音楽業界紙の草分けであるオリコンを創業した小池聡行社長が毎回登場して、レコードの週間売り上げなどを発表。また後者は、100円を払えば、誰でも30秒間だけ好き勝手にしゃべれるコーナーで、「恋人を募集中です！」などと自らを宣伝する若者が圧倒的に多かった。若い視聴者にすれば、「お金を払えば誰でもテレビに出られる」という発想は、自分とテレビの距離を一気に近づけたはずである。

当初から「視聴者参加」に力を入れた『ぎんざNOW！』だが、無料の入場券は毎日、午後3時55分に、銀座テレサの向かいにあった銀座三越の屋上で配られた。だが、番組の人気が高まるにつれて入場券を求める学生が増えたために、のちにハガキによる応募抽選に変更された。観客は最大で二百五十名を収容でき、番組が始まってしばらくは、店内にいくつも置かれた四人がけのテーブルと椅子に、そのまま観客が座った。だが、ほどなくしてレストランの営業を午後2時過ぎでいったん終えてもらい、数少ない番組スタッフが総出でテーブルと椅子を片付けてから、5時からの生放送に備えた。世にも珍しい「レストランスタジオ」ならではの慌ただしさである。

また営業を始めて3ケ月が過ぎた72年の大晦日には、TBSで『日本レコード大賞』の授賞式が生放送された際に、ステーションG室の担当により、年明けを目前に控えてにぎわいを見せる銀座三越の玄関前から中継を行なっている。落語家の三遊亭円楽（先代）と林家こん平、タレントの小鹿ミキが、道行く人たちにマイクを向けて、最優秀新人賞は誰が取るか予想してもらったのだ。『日本レコード大賞』は年末の風物詩で視聴率もよかったから、この生中継は、ステーションG室を広く宣伝する上で絶好の機会になったことだろう。

番組の初代の総合プロデューサーだった井原利一[*5]は37年生まれ。東大を卒業した59年にTBSに入社して、『8時だョ！全員集合』『8時だョ！出発進行』といった人気バラエティー番組を演出した。

その井原が雑誌『調査情報』73年7月号に寄せたエッセイによると、『ぎんざNOW！』の観客は13～17歳がもっとも多く、学校の授業が終わると、制服姿のままで駆けつける人が大半だった。また男女ともに同性の友人と連れ立って来ることが多かった。さらに同番

＊5　60年代には『ミニミニバンバン』などのバラエティー番組を演出。銀座分室を離れた後は『学校そば屋テレビ局』『ワンツージャンプ』などを制作。

組が目指すべき方向については「友人達との会話の中に、新しい話題を投げ込む一つの材料として、番組の放送が、あるいは公開サテライト（筆者注＝銀座テレサのこと）が機能するだけで十分」と記し、番組を作る上で大事なのは「常にヤング達の話題の提供者として彼等の興味の推移に密着すること」と分析。平たくいえば『ぎんざＮＯＷ！』は情報番組であり、10代が面白がって飛びつく最新情報こそが番組最大の売りものだったわけである。

井原が掲げた番組作りの基本精神は、歴代の番組スタッフたちにも受け継がれ、ある時期から、楽屋の壁に「ぎんざＮＯＷ！5原則」と題された紙が貼り出された。

（原則1）『ぎんざＮＯＷ！』はヤングのためのワイドショー
（原則2）ワイドショー3原則は、同時性、日常性、参加性
（原則3）視聴者は誰か！　送り手のテレビではなく、受け手のテレビを作れ
（原則4）使うテレビじゃなく、使わせるテレビを作れ
（原則5）視聴者をバカにするな。テレビを見ている時、彼らはプロなのだ

いずれの原則も、いつでも視聴者に向けて番組を作ることの大切さを説いているが、とりわけ興味を引くのが、視聴者をテレビを見る「プロ」と表現した原則5である。そのころの10代は、生まれた時からテレビ放送に親しんできた最初の世代であり、彼らの感性を決して侮ってはいけないと、番組スタッフは考えていたのだ。

ＴＢＳそしてテレビ業界にとって、『ぎんざＮＯＷ！』は過去に例がない種類の番組で

あり、失敗しても仕方のない実験でもあった。その総合司会を務めたのが、ラジオＤＪとして頭角を現していた25歳の青年、せんだみつおである。

異端の司会者せんだみつお

せんだみつおは、すでに若者向けラジオ番組のＤＪとして人気を得ていたが、テレビの司会はこれが初めて。いつも明るく元気で、早口で絶え間なくしゃべり、軽い冗談もよく飛ばすが、スタジオ観覧に来た学生たちに真面目に語りかけることもある。そんなせんだは、番組視聴者の大半を占めた10代にとって「すごく面白くて少しスケベだけど、頼れる兄貴」と映ったにちがいない。

かつて当人に取材した際、番組の総合司会に起用されたいきさつを明かしてくれた。売れっ子放送作家の奥山侊伸[*6]が、知人のＴＢＳ幹部から、新番組の『ぎんざＮＯＷ！』を始めるにあたって司会者を探していると聞かされた。そこで奥山は、仕事で付き合いがあったせんだを推薦したのだという。

せんだは異端の司会者である。男性のテレビ司会者はジャケットなどきちんとした服を着るという当時の常識に反して、いつもＴシャツにジーンズという軽装で画面に現れたのだ。なぜその服装だったのか。「放送1週間前のテスト収録にＴシャツ姿でスタジオに行

＊6　38年生。青島幸男門下の放送作家で『シャボン玉ホリデー』『8時だョ！全員集合』などを担当。のちにラジオＤＪとしても活躍。

ったら、担当プロデューサーの井原利一さんに叱られましてね。テレビに出るのに襟がないシャツとは何事か！　って。仕方なく銀座テレサの隣の三越でポロシャツを買ったんだけど」。当時の若者にとって、Tシャツは最新のおしゃれであった。結局せんだも信念を貫いてTシャツ姿で番組に出るようになったが、せんだみつおという新人タレントが、10代の視聴者から愛された理由がわかる逸話である。また彼は本番中のべつまくなし早口でしゃべったので、マスコミから「騒がせ屋」の異名をもらった。「だから、いつも声が枯れてましたよ。でもテレビの司会はラジオのDJよりも楽だった。だって少しぐらい間ができても大丈夫だったから。ラジオの場合、しゃべらないと放送事故扱いになっちゃうでしょ？」。せんだの絶え間のないおしゃべりは、聞き取りやすさを重んじてゆっくりと話すテレビ司会者が圧倒的に多かった中で、きわめて異色であった。

新人歌手の讃岐裕子は75年10月から毎週金曜日に出演して、せんだのアシスタントを務めた。「せんださんはすごいんですよ。番組開始の30分くらい前に銀座テレサに駆けこむと、スタッフと簡単な打ち合わせをして、すぐに生本番なんです。圧倒されましたね」。残された台本のページをめくると、必要最低限のセリフが書いてあるだけ。あとは自由に話しても構わず、特にせんだはその瞬間に思いついたことを、ものすごい早口でしゃべりまくった。アドリブの才能が抜群だったのである。

番組には、初回から使われた合い言葉があった。必ずコマーシャル前に、出演者たちがカメラに向かって、元気よく「ナーウ・コマーシャル！」と言いながら片手を突き出し、親指、人指し指、中指を立てるのだ。この指の形は「NOW」の「N」と「W」の両方を表しているが、せんだによると「TBSの木村さん」が考案したそうである。いったい何

初代司会陣が声を合わせて「ナーウ・コマーシャル！」。右から二人目がせんだみつお、三人目がアシスタントのキャシー中島。キャシーはモデルからタレントに転身した直後だった。

者だろうか。また背中に番組ロゴをかたどったジャンパーを作り、スタッフ全員がそれを着るなど、番組を始めるにあたって現場には熱気がみなぎっていた。

毎回、番組の始まりは同じだった。出演者たちが声を揃えて「ぎーんざナーウ！」と元気よく叫ぶと、必ず銀座4丁目交差点の様子が映し出された。和光、三愛といった銀座を代表する建物が視界に飛びこみ、通りを行き交う人々の服装などから季節感が伝わってきた。これを映すカメラマンは新人と決まっており、池田治道も番組に参加してから半年間ほど任された。「テレサにはいつもビデオカメラが3台あったので、外を映すカメラは4カメと呼ばれていた。ビデオカメラが置かれた場所は、三越デパートの2階にあったカフェの一角。毎回、和光の時計塔のアップから始めましたが、当時は小型のビデオカメラがテレビの制作現場に入る前で、カメラの図体が大きく技術面での限界もあった。例えばズームの性能も5倍程度で、誰か一人をアップで撮ることもできず、4カメで個性を出すのは難しかったですね」。池田は高校野球で活躍した青年だったが、卒業まぢかに道ばたで見かけたテレビマン養成学校の募集ポスターがかっこ良かったという理由で、なんとなくテレビ業界に飛びこんだ。養成学校でカメラ技術を学んだのち最初に入った制作現場が、大ヒット中だったホームドラマ『時間ですよ』[*7]（TBS）である。そこでカメラマン助手を経験したのち『ぎんざNOW！』に移り、月曜日と木曜日を番組が最終回を迎えるまで担当した。

*7　銭湯を舞台にしたホームコメディーで、70〜74年に計4シリーズを放送。演出プロデュースはTBSの久世光彦ほか。

当初は「歌」に力を入れた音楽番組だった

番組が始まった当初の内容は、音楽が中心だった。毎回数名のゲスト歌手が新曲を披露するのはもちろんのこと、彼ら彼女らが今、もっとも好きな曲を、司会のせんだの導きによって、スタジオを埋めた観客と歌ったりしたのである。司会者も出演歌手も年若い新人で、アイドルだけでなく、そのころ盛り上がりを見せていたフォークやロックの歌手やバンドも連日のように出演して、熱気あふれる歌と演奏を聴かせた。

放送1週目に出演したゲスト歌手は次の通りである。

10月2日（月）石橋正次、仲雅美、松尾ジーナ
　3日（火）青い三角定規、後藤明
　4日（水）大和田伸也、山口いづみ、葉山ユリ
　5日（木）泉谷しげる、生田敬太郎とマックス、ピピ&コット
　6日（金）フォーリーブス、西城秀樹

木曜日は「フォーク・ショー」という副題の通り、毎回フォーク歌手が登場して歌声を聴かせた。その顔ぶれはケメ、なぎらけんいち、あがた森魚、三上寛、杉田二郎、かぐや姫などで、プロの作家が作った曲を歌手が歌う「歌謡曲」とは異なる、自作自演を信条と

1973年10月発売の「レモンスカッシュ」。恋人の到着をカフェで待つ青年の気持ちを歌った。

する若きシンガーたちの台頭を感じさせた。

初代レギュラー出演者の一人で、毎週金曜日に出演したフレンズのメンバーだったのが水無月しげること本名・田口茂、19歳である。70年に男性三人組のジャック・イン・ザ・ボックスとして歌手デビューするも、シングル盤3枚を出して解散。出直しを図るべく学校の同級生三人と、歌って踊って楽器も演奏するアイドルグループのフレンズを結成して、デビュー曲「夢の宝島」をレコード発売した。『ぎんざNOW!』が始まる5ケ月前のことである。番組に初めて登場したのは、72年10月6日放送の第5回だった。

「その日のゲストはフォーリーブス[＊8]でした。彼らはフレンズより先輩だけど、周りから何かと比較されたので、よく覚えているんです。同じ四人組の男性アイドルということでね」。せっかく毎週出演したのに、しばらくは持ち歌を歌わせてもらえなかった。「でも毎回本番前に、自分たちの新曲を歌いました。スタジオに集まったお客さんをリラックスさせるために。この業界で言う「前歌」ですね。本番で歌わせてもらえるようになったのは半年後ですが、レギュラーで出ていたほかの新人歌手もみんなそうでしたよ」。銀座テレサというスタジオは、テレビ局のそれに比べて小ぶりで、少し高くなったステージで歌う

＊8　歌って踊れる男性四人組で、68年に「オリビアの調べ」でデビュー。「地球はひとつ」などのヒットを飛ばしたが、78年に解散。

歌手たちのすぐ目の前に観客がいた。「あれだけ観客との距離が近いのは初体験。最初のころは歌っている最中に観客と目が合ったりして、とにかく恥ずかしかった」。番組が始まって間もなく、ＮＨＫ発行の雑誌『放送文化』が取材に来た。72年10月20日のことだ。あえて他局の番組を取り上げたのは、「レストランと兼用」という銀座テレサの目新しさに注目したからである。

女の子たちの歓声を浴びながら歌うフレンズの四人。

取材の当日にたまたま出演していたのがフレンズで、その記事[*9]に載った写真を見ると、客席には10代の女の子たちが目立つ。「ぼくらのファンは全員女の子で、『ぎんざＮＯＷ！』でも、出演するたびにスタジオに来るファンの数が増えました。しかも彼女たちの歓声がすごいんですよ。キャーッ！　というかん高い声が鼓膜に突き刺さるようで」。その記事には、お気に入りのメンバーの名前が書かれた紙を手にしたファンの姿が写っている。「ぼくのファンなら「しげる」と書いてくれてね。そうやって好きなアイドルの名前

＊9　『放送文化』72年12月号が、「汗と熱気の30分」と題したグラビア構成の3ページを掲載。

を書いて応援するのは、今では当たり前だけど、ぼくらが元祖じゃないかなあ」。フレンズの人気は日に日に高まり、銀座テレサの向かいにあった三越の屋上にあったステージ「森の劇場」でもしばしば歌った（観覧料は無料）。『ぎんざＮＯＷ！』が三越の経営だったことから舞いこんだ仕事である。なお彼らの伴奏を務めたＣｈａＣｈａの一部メンバーは、のちに矢沢永吉の専属バンドに参加し、独立後はノーバディーというバンドを組んでレコードも数枚発売している。

その後フレンズは金曜日のレギュラーとなり、結局2年半の長きにわたって番組に出演した。「ほかにもいくつかのテレビ番組にレギュラー出演しましたが、『ぎんざＮＯＷ！』のおかげで、多くの人にフレンズを知ってもらいました。今でも感謝しています」。番組を卒業して間もない75年9月に都内で「さよならコンサート」を開き、解散を惜しむ多くのファンに別れを告げた。その後は裏方として、所属したモーニングプロ（のちのユタカプロ）でレモンパイ、ロッキーズ、横浜銀蝿ら後進の指導にあたったのち、09年にフレンズを再結成。年に一度、地元の神奈川県川崎市で「なんちゃってカーニバル」と題したイベントを開き、同時代に活躍した男性アイドルたちを招いて、往年の持ち歌などを披露している。

外部制作バラエティー番組の先駆け

『ぎんざNOW！』で特筆すべきは、テレビ局の社員ではなく、外部スタッフが中心となって作ったバラエティー番組の走りであることだ。ここで台本に記された番組開始時のスタッフを、制作会社／プロデューサー／演出／演出補の順に記してみる。

（月曜）ユニゾン音楽出版／吉村隆一／加納一行／末武小四郎
（火曜）日音／溝口誠、村上司／村木益雄、吉川正澄／井原尚行
（水曜）テレパック／橋本信也／大黒章弘、居作中一／福本義人
（木曜）オフィス・トゥー・ワン／角田友彦／宮本洋／末武小四郎
（金曜）火曜と同じ

補足すると、ユニゾン音楽出版はコンサートの制作を手がける会社で、オフィス・トゥー・ワンは文化人や放送作家のマネージメントを行ない、70年代に大活躍した作詞家の阿久悠も無名時代から籍を置いた。また日音はレコードの原盤制作、テレパックはドラマ制作を専門とする会社で、いずれもTBS傘下。それからディレクターの加納、村木、吉川は、元TBSの演出家らで作った番組制作会社の草分けである、テレビマンユニオンの所属だった。また演出助手の多くも、同社から派遣された青年たちだった。

このころはまだ制作会社の数が少なく、これらの会社がバラエティー番組を手がけるのは『ぎんざNOW!』が初体験も同然だった。スタッフもみな20代と若いのに、実はTBSで番組制作の経験を積んだ人ばかりである。たとえば同社が67年の大晦日に、歌舞伎座から生中継した歌謡番組『ヒットスター大行進』の台本を開くと、演出助手の多くが、その後『ぎんざNOW!』に参加していることがわかる。つまり彼らは、年末の大型特番を任されるくらいに優秀な人材だったのだ（ちなみに演出は、のちに『ぎんざNOW!』の総合プロデューサーとなる青柳脩[*10]である）。

番組が始まった当初から演出助手を務めた末武小四郎は、胸を張って言い切った。「『ぎんざNOW!』は毎回生放送でしたけど、ぼくが関わった曜日に限っていえば、放送中の大きな失敗は一度もなかったですよ」。テレビマンとしての自信と誇りが伝わる言葉である。フリーだった末武はのちにAV企画の所属となり、木曜担当のディレクターに昇格。細身長身のイケメンで、周りから「コシロー」の愛称で親しまれ、75年の秋に番組を離れてユニオン映画へ移るまで、スタッフの一員として番組を支えた。なお曜日ごとに制作を担当していた会社とそのスタッフは異動が多く、詳細は本書巻末の「放送データ」を参照していただきたい。

ではTBSは、なぜバラエティー番組の制作を、初めて社外スタッフに任せたのか。60年代の後半から、TBSを含む民放テレビ各局の経営陣は頭を悩ませていた。年々高

*10　37年生。59年にTBSに入社し『ビクター歌うバラエティ』（66年）、『土蜘蛛』（71年）などを演出。TBS本体に戻ってからは『美少女探偵スーパーW』（79年）、『たのきん全力投球！』（80年）などを制作。

騰する番組制作費、超過勤務の加算を含む人件費の増加、それからストライキで賃上げを迫る労働組合の攻勢に苦しめられていたのだ。それは成長を続け、巨大化していく企業に付きまとう共通の課題でもあった。

この時TBS経営陣は、自社で放送している連続ドラマに注目した。社内制作のドラマよりも、社外の制作会社が作るフィルム撮りの「テレビ映画」の方が、制作費が割安にも関わらず、次々に高視聴率を叩き出していたのだ。東映の『柔道一直線』[*11]、東宝テレビ部の『サインはV』、大映テレビ室の『おくさまは18歳』[*12]といった、少年少女向けの連続ドラマである。そこで経営を効率化したいTBSは開局以来、自社の社員が作ってきたバラエティー番組の制作を、初めて社外に頼むことを決めた。その口火を切ったのが『ぎんざNOW!』だったのである。

時間拡大を機に、曜日ごとに特色を出した

なぜ同番組を事前収録でなく毎回、生放送にしたのか。そのころTBSの社長だった諏訪博は、番組作りの信念として「ディス・イズ・テレビ」を公言し、テレビ最大の特徴は「生放送」だと考えていた。だが社長には不安もあった。「その頃TBSが抱いていた問題は、ネットワーク体制の強化と、外部プロダクションの健全な発展であった」（著書『一葦

---

*11　69〜71年放送。桜木健一主演のスポーツ根性ドラマ。

*12　70〜71年放送。岡崎友紀、石立鉄男主演の学園ラブコメ。

の記』より）。そのころの外部プロダクション、つまり番組制作会社はバラエティー番組を本格的に作ったことがなく、視聴率を稼ぐ方法にも明るくない。しかも会社は小規模で経営基盤が弱く、作った番組が不評なら倒産しかねない。つまりＴＢＳ経営陣にすれば、『ぎんざＮＯＷ！』の制作を外部に任せたものの、それが成功するか否かは全くの未知数だったのだ。

ＴＢＳにとって多くの点で冒険であったこの番組は、出演者とスタッフのがんばりによって日に日に評判が高まった。果たして74年7月には放送時間が30分から40分に拡大され、同時に内容の見直しが行なわれた。曜日ごとに特色を強く押し出したのである。毎週月曜には各曜日の担当プロデューサーが集められ、座長であるＴＢＳ側のプロデューサーに新企画を提案する会議が持たれたが、ＴＢＳ側のプロデューサーだった青柳脩は、「強化週間」と称して、しばしばスタッフに奮起をうながした。その結果、月曜プロデューサーの吉村隆一によると「ほかの制作会社に対するライバル心が高まった」というから、制作会社の相乗りが功を奏したわけだ。

また青柳プロデューサーは、地道な努力も行なっている。生本番前に音楽業界の友人たちを銀座テレサに集めて番組の魅力を熱く語り、彼らが関わっている新人歌手たちに、どんどん出演してもらおうと考えたのだ。しかも、時にはずるい手も使ったらしい。「ＴＢＳ本社では最新の視聴率を毎週貼り出していたが、『ぎんざＮＯＷ！』はわずか4パーセント。そこで5パーセント上乗せして、こっそり9パーセントと書き換えたこともありました。もう時効ですけどね」。なんとしても同業者からの興味を引きたかったがゆえの「書き換え」だったわけだが、裏を返せば、視聴率が上がりさえすれば、その番組への注目度は一気に高まる。視聴率は、テレビ番組にとって絶対にして唯一の評価基準だったのである。

リハーサルに臨む、スタジオ奥に陣取ったカメラマン（1976年撮影）。

1曜日あたりの番組制作費は、出演者への報酬を除くと、25万円と極端に少なかった。しかも各曜日の担当プロデューサーは、この少ない予算から、所属する制作会社に多少なりとも利益をもたらせないといけない。こうした厳しい条件を競争から生まれた企画力とスタッフ、出演者の熱意で補った結果、名物コーナーが次々に誕生した。月曜はお笑いコンテストの「しろうとコメディアン道場」、火曜は歌手オーディションの「スターへのパスポート」、水曜は恋愛相談の「ラブラブ専科」、木曜は学生による「キャンパス自慢大会」、金曜は10代の実像に迫る「ヤング白書」である。

また74年10月からどの曜日にも必ず放送されたのが、「ラブヘアーインタビュー」である。これは番組を提供した花王の生コマーシャルで、銀座4丁目の交差点を通りがかった女性たちに、髪の毛に関する悩みなどを質問するというもの。日替わりでインタビューを担当したのがモコ（ラジオDJの高橋基子[★13]）、ユミ、リッカという三人の女性で、インタビューの様子は番組の始まりと同じく、いつも三越の2階に置かれたビデオカメラで撮影された。なお番組のオープニングやエンディングと同じく、このコーナーも新人カメラマンが最初に任される仕事であった。

曜日ごとに特色を打ち出すことで視聴者を増やした『ぎんざNOW！』だが、一貫して番組の魅力であり続けたのが、レコード発売されたばかりの国内外の「音楽」であり、生出演した若手の歌手やバンドである。

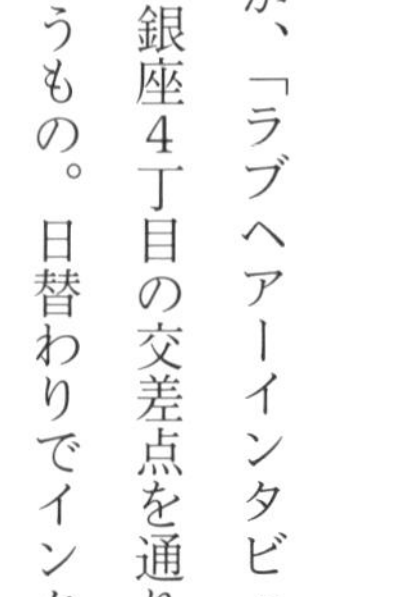

★13　モコ・ビーバー・オリーブの一員として、69年に歌手デビュー。解散後はラジオDJ、タレントとして活動し、映画『男はつらいよ』シリーズにも出演。

第3章

洋楽ビデオと来日ミュージシャンの生出演

普及前だった洋楽の新曲ビデオを連日放送

歌手やバンドが新曲の宣伝用に作ってテレビなどで流す、いわゆる「音楽ビデオ」の始まりは、60年代の半ばと言われている。そのころ世界中で売れに売れていたザ・ビートルズやボブ・ディランもその種の映像を作っており、音楽ビデオは80年代に入ると宣伝に不可欠なものとなり、世界各国で量産された。

ひるがえって日本はどうかといえば、『ぎんざＮＯＷ！』が放送された70年代は、音楽ビデオはほとんど普及していなかった。少なくとも日本で海外の「動くロックスター」を目にするには、入場券を買って来日公演に足を運ぶか、レコード会社などが主催するフィルムコンサートに出かけるしかなかった。そうした時代にあって『ぎんざＮＯＷ！』は実に画期的だった。洋楽の音楽ビデオを毎回のように放送して、世の少年少女たちをロックのとりこにしたのである。

75年から木曜日のディレクターを務め、海外の音楽ビデオを積極的に放送したのが、ＡＶ企画[*1]に所属していた高麗義秋である。「そのころはフィルムで撮ったものでしたけど、宣伝用の音楽ビデオを流せるテレビ番組は皆無だったので、レコード会社に頼んだらフィルムを無料で貸してくれた。番組に参加した時ぼくは24歳で、昔から欧米のロックが大好

＊1　「ＡＶ」はオーディオ・ヴィジュアルの略。80年には映画『ピーマン80』を企画。

きだったから、新曲の映像が手に入るとすぐに番組で流しましたよ」。高麗は日大時代に、元東京ベンチャーズ[*2]のメンバーが率いたロックバンドに加わり、全国の米軍基地などで演奏した経験がある。さらに欧米を一人で放浪し、現地で数々のロックバンドのライブも観ている。「イギリスではテン・イヤーズ・アフター[*3]とモット・ザ・フープル[*4]の生演奏を聴いた。どちらも人気バンドなのに、演奏した場所は小さな映画館。あちらでは、ロックが日本よりはるかに身近なんだと痛感しましたね」。そのころテレビのゴールデンタイムの音楽番組は歌謡曲一色で、海外からロックバンドが来日しても、番組に呼ばれることはなかった。ロックに熱狂するのは一部の若者だけで、視聴率もとれないと判断されたからだ。

そこでロックの好きなテレビ制作者は、日本テレビの『11PM』のような、視聴率競争が及ばない深夜番組で音楽ビデオを流して溜飲を下げたが、それを10代が目にする機会はまれだった。それからレコード会社の洋楽宣伝担当にとって、テレビというメディアは費用対効果が悪かったことも、音楽ビデオが放送されにくかった一因だろう。自分が担当しているバンドの新曲を放送してくれたかどうかは、ラジオ番組ならタイマー録音して確かめられる。しかしテレビ番組の場合は、家庭用のビデオ録画機が普及する前で確認するすべがなく、宣伝媒体としては魅力に乏しかったのだ。

『ぎんざNOW！』が、いつから海外の音楽ビデオを放送したかは不明である。だが、ポール・マッカートニー＆ウイングスの「ハイ・ハイ・ハイ」のそれを番組で見た覚えがあ

＊2　65年結成のエレキバンドでレコードも発売。のちにシルビーフォックスと改名。

＊3　ハードなブルースを得意とした英国のバンド。アルヴィン・リーの早弾きギターが人気に。

＊4　68年に英国で結成。グラムロックの流行の一翼を担った。

るので、この曲のレコードが日本で発売された73年には、すでに流していたのだろう。75年に入ると放送される頻度が増え、そのころにアルバムが日本で初めて発売されたバンド、例えばクイーンやキッスなどの音楽ビデオが連日のように放送された。

このほかに音楽ビデオを積極的に流したテレビ番組には、73年から5年間放送された、KBS京都制作の『ポップス・イン・ピクチャー』がある。司会の川村ひさし*5は英会話が上手で、その身なりも、長い髪にすその広がったジーンズと、いかにもロック好きの青年という感じだった。なんでも番組が始まってしばらくは、入手できる音楽ビデオが限られており、スレイドという英国のロックバンドの映像をやむなく繰り返し流したという。この番組の放送地域は関西に限られており、映像がほとんど残されていないこともあって、知名度は低い。関東では、70年代半ばにテレビ東京やTVKテレビで一時期放送されたが、『ぎんざNOW!』と同じく、一部の若者たちに与えた影響は計り知れないものがあり、忘れることのできない番組である。

師弟関係から生まれた「東京音楽祭」との連携

米日した海外の歌手やバンドがしばしばゲスト出演したのも、『ぎんざNOW!』の大きな魅力である。取材してみると、これには理由があった。

*5　音楽番組のDJ、司会者として活躍。愛称デデ。英語が堪能で、雑誌などでも海外ミュージシャンに多数インタビューしている。

72年から91年まで、毎年初夏に「東京音楽祭」という催しが都内のホールで行なわれ、その模様がＴＢＳで生中継された。これは同局の渡辺正文プロデューサー[*6]、愛称ギョロナベが企画したもので、世界各国および日本国内から選ばれた歌手やバンドが一堂に会して歌を披露し、審査員たちが各賞を与えた。ヤマハ音楽振興会がフジテレビなどの協賛を得て始めた「世界歌謡祭」に対抗して発案されたものだが、熱狂的なジャズ好きであり、「ＴＢＳの音楽番組のドン」と言われた渡辺には、日本のすばらしい楽曲を世界に発信したいという野望もあった。加えて世界中の音楽関係者の興味を引くために、審査員に歌手のフランク・シナトラ、女優のカトリーヌ・ドヌーブ、作曲家のニーノ・ロータ、ゲスト歌手にスティービー・ワンダー、ペリー・コモなど毎回錚々たる顔ぶれを集めるなど、人望があった渡辺の手腕が遺憾なく発揮された。

この一大イベントの舞台に立つために来日した海外アーティストたちが、宣伝を兼ねて出演した番組が『ぎんざＮＯＷ！』である。しかも、時には歌や演奏を聴かせてくれたので、たまたま放送を見られた日は得をした気分になった。その顔ぶれはコモドアーズ、ザ・ランナウェイズ、シスタースレッジ、ナタリー・コール、ポインター・シスターズ、チャカ・カーン＆ルーファス、ダニエル・ブーンなど枚挙にいとまがない。音楽の分野はさまざまだったが、アーティストの多くは売り出して間もない新人で、すでに母国で評判を呼んでいた人ばかりである。それからカナダ出身の美少年ルネ・シマール[*7]は、東京音楽

＊6　57年にＴＢＳ入社。ハリー・ベラフォンテ（60年）、サミー・デイビス・ジュニア（63年）、アニタ・オデイ（64年）といった欧米歌手の来日公演を中継演出。77年には高倉健主演のドラマ『あにき』を企画。故人。

＊7　61年生まれで、10歳でレコードデビュー。以来、歌手活動を続け、15年にも新作アルバムを発表。

祭の第3回のグランプリに輝いた直後の74年7月上旬に3度も出演して、デビュー1年目だった山口百恵との初共演などを楽しんでいる。

では、なぜ『ぎんざNOW!』は東京音楽祭と関係が深かったのか。73年6月に同番組の2代目総合プロデューサーに着任した、元TBSの青柳脩に尋ねた。

青柳は会社の先輩だった渡辺正文の一番弟子を自認し、その縁から、東京音楽祭の参加アーティストを番組に呼ぶようになった。さらに師匠にあることを頼んだ。「それまで東京音楽祭には、国内の新人歌手に贈られる賞がなかった。そこでシルバーカナリー賞という名前の賞を作ったらどうですか、と渡辺さんに提案したら、快く受け入れてくれました」。シルバーカナリー賞は東京音楽祭の第3回から設けられ、青柳は同賞の発表会の模様を、『ヤングの祭典・NOWフェスティバル』という題名で番組化し、75年から79年まで毎年放送した。司会はせんだみつおで、参加する新人歌手たちは『ぎんざNOW!』でもしばしば歌い、視聴者の学生たちに呼びかけて毎年、彼らに対する人気投票が行なわれるなど、番組との連携がどんどん進んだ。『ぎんざNOW!』と東京音楽祭。両者の強い結びつきは、テレビマンの師弟関係から生まれたものだったのである。

番組独自の音楽賞とオリコンの「シャチョー!」

　また74年には、海外の歌手やバンドを対象とした「ＮＯＷポピュラー大賞」を番組独自で創設し、レコード売り上げと視聴者のハガキ投票で各賞が決められた。その賞とは「グランプリ賞」「新人賞」、そしてユニークな活躍を見せ、さらなる飛躍が期待されるアーティストに贈られる「ぎんざＮＯＷ特別賞」の三つである。またビルボード、キャッシュボックスと並ぶ、当時の米国を代表する人気音楽雑誌の『ワールドレコード』に協賛してもらうことで、この賞に対する信頼度を高めた。

「ＮＯＷポピュラー大賞」の初回にあたる74年度の受賞者は、75年1月9日に番組内で発表された。ハガキの応募総数は2万4０００通余りで、グランプリ賞は兄妹二人組のカーペンターズ[*8]に与えられた。それから新人賞は英国出身のロックバンドのクイーンが勝ち取り（次点はデフランコ・ファミリー）、特別賞は米国の女性三人組スリー・ディグリーズ[*9]が手にした。特にクイーンとスリー・ディグリーズは、世界中で爆発的に売れる直前に、日本で人気を集めた点でも忘れがたい人たちで、のちに前者は「手をとりあって」、後者は「にがい涙」という日本語で歌った曲を発表して、親日家ぶりを示してくれた。

「ＮＯＷポピュラー大賞」を主催したのが、日本で初めてレコード売り上げを調べて順位づけを行なった、音楽業界紙のオリコンである。その創業者である小池聡行社長[*10]は番組の初期からレギュラー出演して、毎週曲の売り上げ順位などを紹介したが、この人も『ぎんざＮＯＷ！』が生んだ人気者の一人だ。なにしろスタジオに登場するたびに、客席を埋め

＊8　カレンとリチャードの兄妹デュオ。「遙かなる影」「イエスタデイ・ワンス・モア」ほかヒット曲多数。活動期間は69～83年。

＊9　結成は63年で、メンバー交代をくり返しながら未だ現役。日本では73年に「荒野のならず者」、74年に「天使のささやき」が売れた。

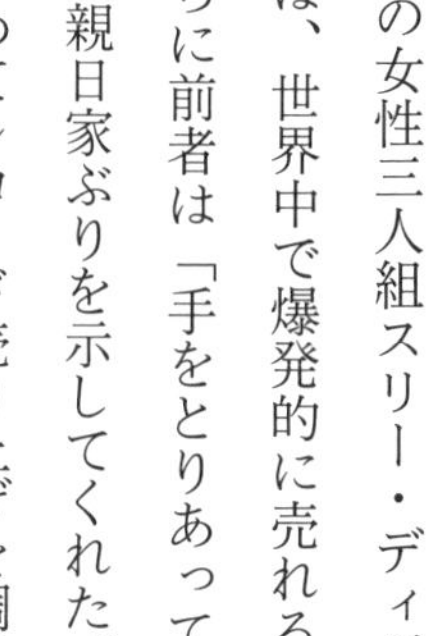

＊10　32年生。同志社大から雪印乳業勤務を経て、67年に音楽業界紙「オリジナル・コンフィデンス」、通称オリコンを創刊。01年没。

た10代の女の子たちが「シャチョー!」と声をかけるくらいに愛されたのである。「一番最初の日、今でも覚えています。「シャチョー!」という呼び込みで、ステージに上がってきて下さいと、ディレクターから言われた時は、本当にびっくりしました。私は生まれつきのテレ屋で、そんなことに堪えられるかどうか、自信がなかったのです」(LP『ぎんざNOW!』同封の解説書より)。当人が案じた通り、ステージに登場したはいいが最初から最後まで照れてばかりで、全身が汗びっしょりになってしまった。

ところが番組に出るたびに顔を赤らめる小池の姿を見て、女の子たちは「可愛い」と感じた。少しタレ目で優しそうな顔つきも、好感を持たれた理由だろう。またそのファッションも彼女たちの心をとらえた。「最初の頃、服装はごく普通の背広にネクタイ、という出で立ちだったんですが、或る時、3ケ月位たってから、思い切ってジーンズを着て出ていったんですね。これは実に勇気のいることでした」(前掲の解説書より)。この時の小池は40代前半だったが、企業の経営者は背広を着るのが当然という時代である。あくまでもジーンズは普段着であって、仕事場で着てはいけないものだったのだ。そのジーンズを勇気を出して穿いた小池が、ついにステージに現れた。すると司会のせんだみつおが、その服装をわざとらしく絶賛したものだから、観客も共演者も大笑い。以来、小池の着る服は、その年齢に不釣り合いなくらいにどんどん大胆奇抜になり、それがまた番組の新たな名物となっていったのである。

クイーン生出演！　フレディはハンバーガーをねだった

来日中の海外ミュージシャンがしばしば生出演したことも、『ぎんざＮＯＷ！』が、当時のテレビ番組としては大変珍しかった点である。しかもほとんどの場合、出演することが前もって告知されなかったので、テレビの前でその瞬間に立ち会えた人は幸運であった。とりわけ10代の学生は、翌日学校へ行くと教室はその話題で持ちきりとなり、放送を見逃した同級生たちは悔しい思いをしたものだ。

大昔に活躍したロックバンドなのに、近年でも数々のヒット曲がテレビドラマの主題歌やＣＭソングに使われるなど、若い世代にも知名度があるのが英国出身のクイーン＊11である。また18年には、彼らの伝記映画『ボヘミアン・ラプソディー』が世界中で大当たりしたことで、再び注目されたのも記憶に新しい。

彼らが初アルバムを発表したのは73年で、2年後の75年4月に初来日して9都市で計7回のコンサートを行なっている。時期的には世界的な大スターに出世する少し前だが、その彼らが『ぎんざＮＯＷ！』に生出演したことは、ちょっとした事件であった。というのも、クイーンの一行は日本に2週間ほど滞在したが、そのほかのテレビ出演は、ゴールデンタイムに放送されて人気があった、フジテレビの芸能情報番組『スター千一夜』だけだ

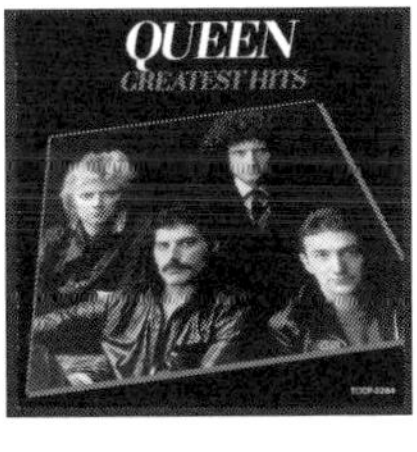

＊11　73年に初アルバムを発売後、「キラークイーン」「ボヘミアン・ラプソディー」「伝説のチャンピオン」などが世界的に大ヒット。ヴォーカルのフレディが91年に逝去したが、新たなシンガーを迎えてライブ活動を継続中。

ったからである。そのころクイーンの存在はわが国ではさほど知られておらず、一部の音楽雑誌が熱心に取り上げる程度だった。彼らを日本へ呼んだのはワールド・トレジャーという会社で、その母体は渡辺プロである。だが、このマスコミに圧倒的な影響力があった大手芸能事務所をもってしても、知名度の低かったクイーンをテレビ局に出演させることはできなかったのだ。

ところが『ぎんざNOW!』はちがった。クイーンの出演を実現させたのである。しかも、彼らが来日する75年の4月17日に。そして当日が来た。新聞のテレビ欄などにも彼らの名前が載った。時計の針が午後5時を差した。番組は始まったが結局、彼らはスタジオに来なかった。なぜか。彼らの乗った旅客機が午後5時5分に羽田空港に着くはずが、80分も遅れてしまったのだ（書籍『クイーン／ライブ・ツアー・イン・ジャパン1975—1985』、雑誌『ミュージックライフ』75年6月号より）。

その後、クイーンは国内で計7回のコンサートを開いた。そして当人たちの想像をはるかに超える熱烈な声援を各地の観客からもらい、彼らも大いに気を良くした。ツアーの最後を飾る日本武道館でのコンサートが、5月1日に開催された。ここで事件が起きた。当日の夕方5時過ぎに、なんとクイーンのメンバーが『ぎんざNOW!』に生出演したのである。なお、この日にちに関して裏付けを取ることはできなかったが、演出の高麗義秋は、自分がディレクターを担当していた木曜日に、クイーンは間違いなく銀座テレサに来て生放送に出てくれたと断言した。残念ながらその日付は記憶していなかったが、クイーンが日本で過ごした日程を確かめると、木曜日で、なおかつ彼らが東京にいた日は、武道館でコンサートを開いた5月1日しかない。「クイーンさんには銀座テレサへ来てもらい、新曲の宣伝用フィルムを流しながら話を聞きましたが、みなさん協力的でね。スタジオの楽屋はとても狭くて汚いのに文句一つ言わず、逆に喜んでくれましたよ。昔、自分たちがよく出ていたライブハウスを思い出すよって」。放送直前に行なった打ち合わせでは、今は亡きヴォーカルのフレディ・マーキュリーが思わぬことを口にした。「彼が急にマクドナルドのハンバーガーが食べたいと言い出したので、すぐに買ってきて差し出したら、1個は食べられないから、と手で半分に割って、ぼくにくれたんです。気さくな人だったなあ」。米国生まれのマクドナルドがわが国で1号店を出したのは、銀座テレサの向かいの銀座三越だった。それがクイーンが来日する4年前の71年で、そこでハンバーガーを買うことが、ちょっとした流行になっていた。

フレディがハンバーガーをねだったという話を裏付けるように、来日中のクイーンを追いかけた雑誌記事（『ミュージックライフ』75年6月号）によると、昼食に出された幕の内弁当を見たメンバー全員が、「マクドナルドのハンバーガーの方がいいなあ」と愚痴をこぼしたとか。また、のちにクイーンのコンサートスタッフが書いた回想録（邦題『クイーンの真実』）にも、日本に滞在中のメンバーたちが、行く先々で馴染みのない日本食を振る舞われて困惑した様子が出てくる。クイーンの四人にはお気の毒だが、欧米人には和食がまだまだ身近ではなかった時代らしい逸話である。

番組出演を終えた彼らはすぐさま日本武道館へ向かい、日本での最後のステージに立った。この時、夜の7時20分。開演予定の時刻から、すでに50分が過ぎていた。ではこの日、なぜクイーンは『ぎんざNOW!』に出演してくれたのか。ここである想像が頭を駆けめぐった。来日当日に番組に出演できなかったことを、クイーンと彼らのスタッフは申し訳なく感じていた。そこでツアー最終日に、約束を守るために、急きょ予定を変えて銀座テレサに来てくれた。しかもコンサート直前の、ものすごく忙しい最中に。そしてその結果として、コンサートの開始が少し遅れてしまったのではないのか。結局、番組関係者たちに尋ねても真相はわからなかったが、クイーンの出演は『ぎんざNOW!』にまつわる伝説の一つであることに間違いはない。

二度目の来日で「ナーウ・コマーシャル!」

わが国のクイーン人気はすさまじく、特に10代の女子から熱狂的に支持された。それを受けて彼らは、初来日した翌年の76年にも日本を訪れて6都市で計8回のコンサートを実施したが、この時も『ぎんざNOW!』は彼らに取材している。日付は76年3月21日で、場所は、東京での宿泊先だった品川のパシフィックホテルである。現場に派遣されたのは、番組で洋楽を紹介するコーナーの進行役を務めていた「サム」こと小清水勇と、「ミキ」こと水野三紀だった。

小清水は47年生まれで、明治大学を卒業後、ラジオ関東（現ラジオ日本）でディレクターをやりながら音楽評論家としても活動。特に英国のロックを愛好し、70年ごろからその分野のＬＰレコードに封入された解説文[*12]を数多く書いたが、中でも今も名盤の誉れが高いフリーの『ファイアー・アンド・ウォーター』の日本盤ＬＰが初めて発売された際の解説文も、小清水が執筆している。その後も音楽評論家として活躍したが、バーで酒を飲んだ際にトイレの中で倒れて急死したという。まだ52歳であった。小清水は冗談を交えたその軽妙な語り口に魅力があり、『ぎんざＮＯＷ！』にも初期から出演して最新の洋楽を紹介していたが、ある時仕事で数週間、海外へ行くことになった。そこで構成担当だった放送作家の宮下康仁は、サムの代役を探し始めた。

宮下は50年生まれで、早稲田大学に通っていた20歳の時に、先輩に誘われて放送の世界に足を踏み入れ、『ぎんざＮＯＷ！』火曜日の制作を請け負っていたオフィス・トゥー・ワンの所属となった。幼いころから洋楽全般を愛聴していたことから、ＴＶＫテレビ『ヤング・インパルス』[*13]、ＮＨＫ『ステージ１０１』[*14]ほか、主に音楽番組の台本を書いていた。

「サムの代わりを探していたら、そのころぼくが参加していた『ザ・ロンゲストショー』

＊12　寄稿したレコードは、判明しただけで洋楽のＬＰ、シングルが各々20枚余り。発売時期は60年代末から70年代後半で、カルメンのＬＰ『宇宙の血と砂』（74年）では、水野三紀が訳詩を担当。

＊13　スタジオ収録の音楽番組で、日本のフォーク歌手、ロックバンドが毎回演奏。72〜76年放送。

＊14　初代司会者は関口宏で、無名の若き歌手たちで結成された「ヤング１０１」がレギュラー出演。70〜74年放送。

リハーサル中の水野三紀（中央）。左端は、来日中だったゲストのスーパートランプのメンバー（1976年5月撮影）。

というテレビ東京の生番組で、洋楽コーナーを担当していた女の子が目に止まったんです」。それが名古屋の大学を卒業して間もなかった水野三紀、本名・水野美紀である。

水野は幼いころからクラシック音楽に親しみ、自らピアノも弾き歌ったが、思春期にビートルズを聴いて夢中になり、洋楽ポップスの魅力に目ざめた。その後、活躍中だった音楽評論家の福田一郎に師事し、故郷の名古屋から上京して音楽業界に身を投じた。初めて体験した海外ロックのコンサートは、71年に東京で行なわれた、レッド・ツェッペリンの初来日公演だという。「サムの代役を無我夢中で務めたのち、サムが番組に戻ることになったわけですが、ありがたいことに演出の末武小四郎さん、構成の宮下さんの後押しもあって、それ以降はサムとのコンビで『ぎんざＮＯＷ！』に出るようになったんです」。当人は「学校で習った程度」と謙遜するが、水野のように英会話が上手で、しかも洋楽に詳しい女の人はテレビの世界ではまれな存在であり、もちろん彼女は、ホテルで会ったクイーンとも通訳なしで言葉を交わした。「彼らのレコードは前から聴いていましたが、実際に会ったらギターのブライアン（・メイ）に一瞬で目が釘付けになり、すっかり舞い上がってしまって。とにかく透けるように美しくて知的で、その瞳に思わず吸いこまれそうで。まさにブライアン様！　っていう感じでした。あの時の興奮は忘れられませんねえ」。取材の最後に四人にお願いをした。「ホテルの庭でサムも交えて彼らと写真を撮りましたが、『ぎんざＮＯＷ！』の決めポーズだった「ナーウ・コマーシャル！」を彼らにやってもらったんです。しかもみんな素直に聞いてくれて。よくやってくれましたよね」。クイーンの人柄の良さを感じさせる、なんともほほえましい話である。

クイーンとホテルの庭で「ナーウ・コマーシャル！」（右端が水野、その隣が小清水）。メンバー四人のサイン入りである。

同行した演出の高麗も、取材後、彼らにあることを懇願して、本人たちにもスタッフにも快く受け入れてもらった。四人がインタビュー中に飲んだコーヒーのカップにサインを書いてもらい、そのカップを視聴者へプレゼントしたのである。

ホテルの一室で取材が始まり、まずはメンバーたちと握手。

「後で番組で希望者を募ったら、ものすごい数の応募ハガキが来ましたよ」（高麗）。その後、海外ミュージシャンの直筆サインをプレゼントする企画は木曜日の恒例となったが、さぞかし当選者は喜んだにちがいない。

クイーンの生出演は『ぎんざＮＯＷ！』の知名度を大いに高めた。だが当初は、国内のレコード会社も海外のミュージシャンを日本に呼ぶ招聘元も、来日したロックバンドをこの番組に出しても宣伝効果は少ないと考えていた。放送地域は関東のみで、しかも高い視聴率が望めない夕方の生放送だったからだ。

出演映像を持ち帰った女性ロッカーのスージー・クアトロ

演出の高麗いわく、その状況が一変したのがスージー・クアトロ[*15]の出演だった。20代半ばだった彼女は女性ロッカーの走りで、小柄な体を黒のジャンプスーツで包み、ベースを弾きながらロックンロールを熱唱する姿が10代の心をとらえた。「彼女が番組に出てくれ

＊15　72年に「キャン・ザ・キャン」が初ヒットし、以後「ワイルドワン」「48クラッシュ」などが売れた。74年から5年続けて来日し、各地でコンサートを開いた。

た時は反響が大きくて、売れ残っていたコンサートのチケットが、放送直後に完売したそうです。以来、外国からミュージシャンが来た際にレコード会社に出演をお願いすると、快く引き受けてくれることが増えましたね」。東芝ＥＭＩでクアトロの宣伝を担当した山田正則ディレクターは、入社した1年目に何十枚ものシングル盤を売り出したのに、1曲もヒットさせることができなかった。その反省を踏まえて、クアトロを売る時にはまずシングル盤で当てて、それからアーティスト性を強調して宣伝することを意識した。だから「宣伝もテレビやラジオが優先。雑誌も専門誌より『週刊プレイボーイ』とか一般雑誌との付き合いが深かった」（篠崎弘『洋楽マン列伝2』より）。クアトロの番組出演が実現した

スージー・クアトロ「悪魔とドライヴ」（1974年5月発売）。国内では4枚目に発売されたシングル盤で、英国では1位を獲得。

のも、そうした戦略に沿ったものだったのだ。

「クアトロさんのスタッフも『ぎんざＮＯＷ！』への出演を喜んでくれたようで、宣伝に使いたいということで、ぼくらが撮った映像をアメリカに持ち帰ったんですよ」（高麗）。当初クアトロのスタッフは、その映像を「買い取りたい」と、しごく真っ当な申し入れをしたが、高麗たちがＴＢＳ側にその旨を伝えたところ「タダであげたら？」との答え。まだ著作権に関する意識が低かった時代なので、この話を聞いてもさほど驚きはしないが、洋楽に対するテレビ業界の関心の低さを感じさせる話ではないか。

スージー・クアトロが銀座テレサを訪れた時期だが、全国各地で計24回のコンサートを行なった、3度目の来日時ではないかと推測される（生出演した日付は76年6月10日か）。来日するたびに彼女は大の日本びいきとなり、日本酒のテレビＣＭに出演したり、自身の結婚式も東京で挙げている。また14年にも来日してステージに立ち、元気な歌声と演奏で観客を楽しませてくれた。

クイーンやスージー・クアトロの出演で弾みを付けた番組スタッフは、これまで以上に洋楽に力を入れたコーナーを企画することになる。「ポップティーンポップス」である。

来日ミュージシャンが毎回出演した「ポップティーンポップス」

「ポップティーンポップス」は76年11月から毎週木曜日に放送された（以下「ＰＴＰ」と略す）。その内容だが、オリコン調べによる洋楽の週間ヒットチャートと視聴者からのリクエストハガキをもとに、人気のある最新洋楽ナンバーをベストテン形式で紹介し、同時に選ばれた曲の音楽ビデオを流すというもの。それまでこの種の番組はラジオには多数あったが、テレビ界では「ＰＴＰ」が初めてだったのではないか。あいにくまだ幼かったので放送を見ることはできなかったが、フジテレビの『ビートポップス』[*16]も洋楽ランキング番組だったという。ただし番組を見ていた年上の知り合いに尋ねたら、海外の音楽ビデオを流すことはごくまれだったと教えてくれた。

野心的な企画だった「ＰＴＰ」の総合司会に選ばれたのは、『ぎんざＮＯＷ！』出身のラビット関根、現在の関根勤である。頭にシルクハットをかぶり、首に大きな蝶ネクタイを付けた、いかにもショー番組の司会者という派手ないで立ちで毎回登場した。演出の高麗は、この新人コメディアンに、ダミ声で知られる米国生まれのラジオＤＪを重ね合わせた。その男ウルフマンジャックは、音楽の水先案内人として60年代から全米で活躍。その存在は、わが国では在日米軍が運営するラジオ放送や、73年の米国映画『アメリカン・グラフィティ』で馴染みがあった。「そのころ総合プロデューサーの青柳脩さんが、ウルフマンジャック主演のテレビショーをビデオで見せてくれたんです。その冒頭で華やかな雰囲気の中、ウルフマンが登場するなどショーアップされていて、とても刺激を受けました

＊16　66〜70年放送。司会は大橋巨泉、星加ルミ子ほか。

ね。子供のころに大好きで見ていた、日本テレビの『シャボン玉ホリデー』と同じような魅力を感じました」（高麗）。それは『ザ・ウルフマンジャック・ショー』というカナダのテレビ局が作った音楽番組で、関東では76年10月からテレビ東京で放送されたが、これに感化された番組スタッフが「ＰＴＰ」を始めるにあたって追い求めたもの、それは洋楽にも負けない音楽性の高さである。

ディレクターたちは、まず初めに洋楽に詳しくて演奏力のあるバンドを毎回出そうと、ＭＭＰに声をかけて出演を快諾してもらった。ＭＭＰ[＊17]はミュージック・メイツ・プレイヤーズの略で、70年代の初めから伊丹幸雄、あいざき進也、キャンディーズら渡辺プロ所属のアイドルたちの伴奏を務めたバンドだ。リーダーはキーボードと編曲を担当した元ワイルドワンズの渡辺茂樹で、彼らは、アイドルのコンサートの途中で欧米のハードロックも演奏する異色のバンドだった。芸能界では珍しく、メンバー全員が洋楽で育った青年だったのである。

さらに歌唱力があって英語もしゃべれる女性コーラスも欲しかったので、沖縄出身の三姉妹に出演を頼んだ。アップルズ[＊18]である。声をかけた決め手は、たまたまレコードで聴いた彼女たちのデビュー曲「ブルーエンジェル（青い天使）」だった。

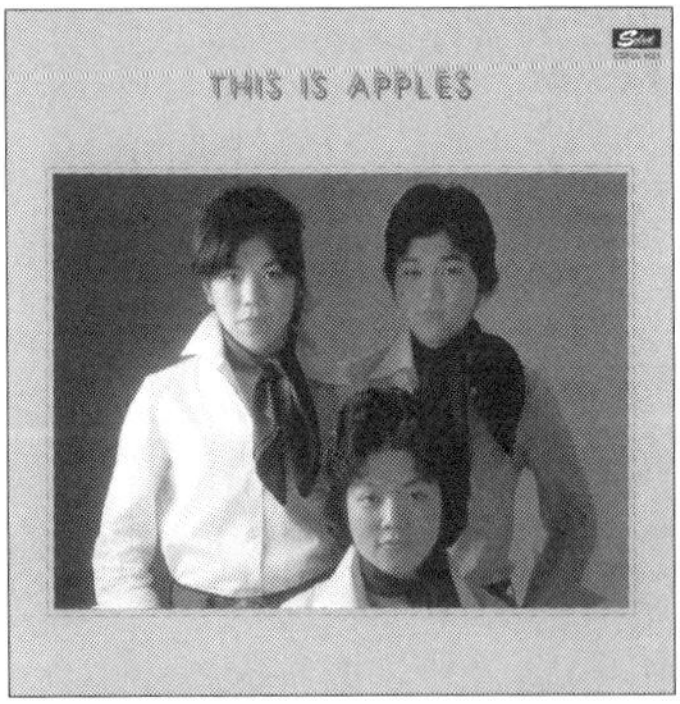

唯一のアルバム『THIS IS APPLES』（1976年10月発売）。英語で歌った洋楽カヴァーも聴きもの。

＊17　74年結成で、2年後からキャンディーズのバックも担当。77年に「スーパーキャンディーズ」、翌年に「悲しき願い」と計2枚のシングルを発売。

＊18　幼少期から家族とバンド活動をしていた新里三姉妹が、読売テレビ『全日本歌謡選手権』への出演をきっかけに音楽業界へ。浪曲師が所属する「天津企画」から渡辺プロへ移ってレコードデビュー。

「三人とも歌も英語の発音も抜群に上手だし、姉妹だからハーモニーもきれい。当時活躍中だったアメリカのポインター・シスターズやスリー・ディグリーズのような歌手を探していたが、彼女たちは理想的なグループでしたね」（高麗）。それから題名の「ポップティーンポップス」は造語で、考案したのは番組構成を手がけた宮下康仁である。「中高生に洋楽の魅力を伝えたいという思いから、「ＰＯＰＳ」と「ＴＥＥＮ」をつなげてみたんです」。ちなみに今でも発行されている、10代の女子を狙った同名のファッション雑誌が創刊されるのは、それから4年後の80年である。

進行役のサム&ミキは愉快な名コンビ

洋楽ベストテンと情報コーナーの進行役は「サム」こと音楽評論家の小清水勇と、「ミキ」こと司会、ラジオＤＪの水野三紀である。美女に弱くて、だじゃれも交えた軽妙なしゃべりのサムに対して、ミキはきっちりと番組を進めながら、しばしば脱線するサムにツッコミを入れた。例えば双子の歌手がデビューすることが話題になると、サムが「ウソも言えない双生児！　日本ハムもびっくりでありますよ」。すかさず「いいかげんにして下さい！」と釘を刺すミキ。二人の会話は万事この調子で愉快だったが、サムはバンドや歌手にあだ名を付けるのも得意で、クイーンのフレディ・マーキュリーを「白黒パンツの水着の騎士」、キッスを「肉まん軍団」、ロッド・スチュワートを「ロック界の練りからし」などと、なんとも微妙に的がはずれた名前で呼んで、ここでもミキに呆れられていた。

それから御両人には決めゼリフがあり、気分が高まると、まずサムが「なんと！」と興奮ぎみに言い、間髪を入れずにミキも「なんと！」と繰り返し、続けてサムが「な、な、なんと！」と声を張ったのだ。水野に尋ねると「二人の主なやりとりは毎回台本に書かれていましたが、作家の宮下康仁さんや演出スタッフが、回を重ねるごとに私たちのキャラクターを固めてくれたんですね。素顔のサムちゃんは、画面に映った通りの楽しい人でしたよ。私は番組を進行するのが精一杯で、今から思うと、サムちゃんにずいぶん助けてもらいました」とのこと。とぼけたサム、しっかり者のミキという二人の色分けは、台本に書かれたセリフからも読み取ることができる。当方の取材を受けるために久しぶりに台本を読み直した構成担当の宮下も、「我ながら、二人のやりとりをきちんと書いているね」と感心していた。本番中も互いに「ちゃん付け」で呼び合うサム＆ミキの会話はまるで漫才のようであり、その親しみやすさは、英語で歌われるために日本人には取っつきにくさがある、洋楽への抵抗感を弱めてくれた。

76年11月18日、ついに「ＰＴＰ」が始まった。スタッフの狙い通り、最新の洋楽が目と耳の両方で楽しめる斬新さが10代に受けて、回を重ねるごとに人気は上昇した。また来日中のロックバンドや歌手が毎回生出演したことも、そのころのテレビ番組としては珍しく、

「ＰＴＰ」への注目度を高めた。

アップルズは番組の冒頭やベストテンのコーナーで、ＭＭＰの伴奏にのせて洋楽ナンバーを歌って華やかな雰囲気を演出したが、その出来ばえは物まねの域を越えており、リズム感の良さも日本人離れして見事だった。きっと彼女たちの歌唱力が買われたのだろう。翌77年にはジャクソン・ブラウン、ジョン・セバスチャンら米国の有名シンガーソングライターが数多く出演したコンサート「ローリング・ココナッツ・レビュー」に、Ｒ＆Ｂ歌手の上田正樹のバックコーラスとして舞台に立っている。だが惜しくも同年の8月25日の出演を最後に番組を卒業。その後ＥＶＥと改名して再デビューしたが、抜群の歌唱力とハーモニーは変わらず、その後も貴重な女性コーラス隊として活躍した。

そのアップルズの後任として、オーディションで歌手志望の女の子三名が選ばれた。直後から彼女たちは「ポップティーンガールズ」の名前で毎回「ＰＴＰ」に登場して、番組オリジナルのテーマ曲[★19]（「ラブリー・サーズデー」ほか）や話題の洋楽ナンバーを歌った。その声はまだまだ初々しく、振り付けもぎこちなかったが、与えられた好機を物にしようという一生懸命さが画面から伝わった。その顔ぶれは太田裕子、伊庭紀子、柴田みゆきの三名。全員が10代半ばで、いつもミニスカート姿で登場して、まばゆいばかりの若さを振りまいた。

14歳の太田は、渡辺プロ系列の東京音楽学院で歌を勉強中だった。のちに歌手コンテス

★19　「ラブリー〜」は宮下康仁作詞、渡辺茂樹作曲。ほかのテーマ曲は「ファンキー・チューリップ」（西村コージ作詞曲）など。

トで優勝して番組を離れ、79年に大滝裕子の芸名で初レコード「A BOY」を発売し、番組でもこの曲を何度か歌った。その後は女性コーラスのAMAZONSを結成して現在も活動中で、コンサートなどでその高く澄んだ歌声を響かせている。それからケロの愛称で親しまれた伊庭も、81年に「あなたのせい」で歌手デビューしたが後が続かず、ほどなくして芸能界を去っている。柴田のその後については情報がなく、番組関係者も消息はわからないという。

それから伴奏を任されたMMPも78年3月に番組を離れ、トランペット担当の新田一郎は新たにスペクトラムを結成し、「トマトイッパツ」などのヒット曲を放った。代わりに「PTP」に加わったザ・シルクロード[20]はヴォーカルが長南百合子で、MMPと同じく数名の管楽器奏者が参加して、迫力のある演奏を響かせた。またベスト10に入った洋楽ナンバーを歌うこともあったが、その熱量のある歌いっぷりに圧倒された。ほかにも、総合司会が関根勤から長身で男前の新人歌手だった田島真吾[21]に交代するなど、出演者の出入りはあったが、最新の洋楽情報を映像と音を通していち早く発信するという、「PTP」の信条が揺らぐことはなかった。

ローラーズ旋風とアイドルロックの大流行

＊20　結成は60年代末で、70年代半ばにメンバーを一新。75年の『終章』ほか計3枚のアルバムを発表したが、80年代初めに活動停止。

さて同コーナーの目玉である洋楽ベストテンだが、栄えある初回の第1位に輝いたのは「二人だけのデート」で、その後この曲は、なんと10週も続けて首位を独走した。歌と演奏は「ザ・ビートルズの再来」と言われた英国出身の五人組、ベイ・シティ・ローラーズである。ローラーズはタータンチェック柄の服装が特徴で、75年に母国で人気に火がつき、翌年には日本でも爆発的に売れた。折しも「PTP」が始まった翌月の76年12月に初来日して、各地でコンサートを開催している。10代女子たちが彼らを大歓迎し、その熱狂ぶりをマスコミが「ローラーズ旋風」と名付けるなど、彼らの来日は世間を騒がす社会現象になっていた。「PTP」でも、彼らの楽曲が計6曲もナンバーワンに輝いている。

演出の高麗義秋と大島敏明は、そのローラーズ側にすぐさま接触を図る。『ぎんざNOW！』を毎回放送している銀座テレサまで彼らに来てもらい、「PTP」に生出演してもらおうと考えたのだ。だが、あえなく先方に断られてしまった。ふだんは洋楽に見向きもしないマスコミがローラーズに取材しようと殺到したため、日程に余裕がなかったのである。しかしディレクター陣は粘った。スタッフに頼んでローラーズが使った品物にサインを書いてもらい、それを抽選で番組の視聴者に贈ったのである。「結局、銀座テレサには来てもらえなかったが、のちに所属レコード会社のご好意でロンドンまで飛んで、本人たちに取材させてもらいました」（高麗）。ローラーズのファンは10代の女子で、番組の主な視聴者層と重なっていた。

＊21　55年生。77年に「忘れてください」で歌手デビュー。直後から俳優業を始め、ドラマ『家族熱』などに出演。

時を同じくして、洋楽ファンの一部からローラーズに対して冷やかな声が聞かれた。彼らは所詮は可愛いだけのアイドルで、音楽的な才能はない。あげくの果てに、コンサートではレコードを流して歌うまねをする「口パク」で通しているという、いわれなき中傷まで飛び出したのだ。古今東西、アイドルは少年少女に支持されるがゆえに、その狂乱ぶりが良識派を自認する大人たちに叩かれる運命にある。ローラーズもその洗礼を受けたわけだが、洋楽についていえば、60年代の若者文化を牽引したザ・ビートルズもザ・ローリング・ストーンズも、デビュー当初は、大勢の女の子から歓声を浴びるアイドルバンドだったのだ。

では、なぜ「PTP」は開始当初からローラーズを積極的に取り上げたのか。構成担当の宮下康仁は言う。「ぼくが洋楽を好きになったきっかけは、10代のころに登場したザ・ビートルズやサイモン&ガーファンクル[22]ですが、その後そうしたスーパースターが次々に解散したことで、一つの時代が終わった気分だった。入り口はどうであれ、10代が洋楽を好きになるきっかけになればと思い、ローラーズや彼らに続いたアイドルバンドたちを「PTP」でどんどん取り上げました」。その言葉には洋楽への強い愛着が感じられるが、確かにローラーズの楽曲には、万人に受ける親しみやすさがある。だが一方で、それを素直に認めたくない気分が、少なくとも異性を意識し始めた当時の10代男子にはあった。同世代の女子たちが彼らを熱心に応援している姿を見て、どこかで照れ臭さを感じてしまい、

＊22　64年デビューの男性二人組。「サウンド・オブ・サイレンス」「明日に架ける橋」ほかの特大ヒットを放ったが70年に解散。その後、何度かの再結成を果たしている。

日本での初ヒット曲「バイ・バイ・ベイビー」(1975年発売)。ここからローラーズの快進撃が始まった。

素直に声援を送れなかったのだ。しかし今回ローラーズの楽曲を久しぶりに聴き直して、気づかされた。出世作「バイ・バイ・ベイビー」のような既成の楽曲だけでなく、「マネー・ハニー」「ロックンローラー」ほかメンバー自作の曲にも、大人の心の琴線を震わせる曲が多いのである。

ローラーズが爆発的なブームを起こすと、音楽業界は「第2のローラーズ」を探そうと躍起になり、英国の新人バンドの中から有望株を見つけては、大々的に売り出した。さらに10代向けの芸能雑誌も、こぞってそうしたバンドを取り上げるようになり、『週刊明星』は彼ら新人バンドに「ラブロック」という独自の呼び名を与え、誌面を通して毎号宣伝に励んだ。海外のアイドルバンドが話題になるにつれて、世の中の「PTP」に向ける関心もどんどん高まっていった。

「第2のローラーズ」として日本のRCAレコードが売り出したバンドが、英国出身の四人組バスターである。平均年齢は18歳と若く、デビュー曲「すてきなサンデー」が大ヒットし、「PTP」でも77年4月21日の放送で1位を取った。さらに同年8月から、大抜て

きされた森永製菓のチョコフレークのCM[*23]がテレビから流れるなど、その存在は瞬く間にお茶の間にも浸透した。そのCMは英国で撮られたもので、無邪気にたわむれる四人をとらえており、TBS『8時だョ！全員集合』のような高視聴率番組でも毎週流れたので、宣伝効果は絶大であった。

そのバスターに「PTP」はデビュー曲の発売前から注目し、すぐに行動を起こしている。「所属のレコード会社に声をかけて、彼らの故郷リバプールへ飛んでメンバーに取材し、その様子を放送しました。自宅を訪ねて2日間ほど私生活も撮りましたが、みんな明るくて素朴な少年で、取材にも協力的でしたよ」（高麗）。77年12月には初来日し、同月15日に「PTP」に生出演して、第3位に選ばれた新曲「ビューティフル・チャイルド」を演奏した。彼らがスタジオに登場するなり、詰めかけた女子ファンたちがお気に入りのメンバーの名前を一斉に叫び始め、その金切り声が延々と続いたせいで、進行役のサム＆ミキのおしゃべりもかき消されてしまった。正に興奮のるつぼである。

欧米の音楽情報をいち早く伝えたカズ宇都宮

そのころ最新の洋楽情報を入手するには、海外で暮らす日本人に教えてもらうのが、もっとも早くて確実であった。「PTP」でその役目を担ったのが、英国ロンドンに住んで

*23　テムズ河を進む船の上で、メンバー全員で持ち唄の「夢みるダンス」を陽気に歌い踊った。

いたカズ宇都宮こと、宇都宮一生である。「『ぎんざＮＯＷ！』に関わるようになったきっかけですか。宮下さんに頼まれて、素人バンドのコンテストで審査員をやったのが最初ですね。テレビでしゃべったのは、あれが初体験でした」。「宮下」とは番組の構成作家だった宮下康仁のことで、カズが通った都立西高校の1年先輩である。「高校時代はなぜか先輩から好かれることが多くて、宮下さんにもよく遊んでもらいました」。カズは51年に東京で生まれ、9歳からの6年間を英国で過ごした。この時期の英国では、ザ・ビートルズやザ・ローリング・ストーンズら若きバンドが頭角を現すなど、若者文化が大きく花開いたことで常識や価値観が劇的に変わった。10代だったカズも、彼らロックバンドに強く影響を受け、帰国して高校に入ると、友人たちとミスタッチというバンドを組んでドラムを叩いた。「ドアーズやクリーム、ＥＬ＆Ｐなどの曲を演奏した。テレビ神奈川の番組に出たこともあるんですよ」。のちにメンバーの佐久間正英、茂木由多加はプロの音楽家となり、四人囃子やプラスチックスといったバンドで活躍した。

一方のカズは東工大で建築を学んだのち、74年に再び渡英。日本を代表する洋楽雑誌『ミュージックライフ』[*24]のロンドン特派員となり、最新の音楽情報を誌面で伝えた。「イギリスでも大学で建築を学び、卒業後はその方面の仕事に就くつもりでした。ところが音楽業界に首を突っこんだら面白くなってしまい、そちらの道へ進むことにしたんです」。ロンドンで暮らす中で、新たな出会いがたくさんあった。その一人が中村晃[*25]である。大学を

＊24　50年代から洋楽専門誌として人気を得、70年代にはアイドルやバンドを積極的に紹介。98年に休刊したが、18年にウェブで復活。

＊25　31年生。慶応大から日本航空入社。74年に渡辺音楽出版へ移り、その後ヴァージン・アトランティック航空の日本支社長、エアードゥーの初代社長を歴任。05年没。

卒業して日本航空に勤めたが、赴任地のロンドンに魅了されて退社。前から交流のあった、渡辺プロを率いる渡辺晋社長の美佐夫人にお願いしたところ、傘下にあった渡辺音楽出版のロンドン支社の初代責任者を任された。「中村さんとの出会いがきっかけで、音楽ビジネスの世界に足を踏み入れました。主な仕事は、英国やヨーロッパ各地で見つけた新人バンドを、日本のレコード会社や音楽出版社に売りこんで契約を結ぶことでした」。

もう一つ大きな出会いがあった。雑誌取材の仕事で、新人時代のクイーンに初めて会った時のことである。「ギターのブライアンがぼくが通ったロンドン大学の先輩だとわかり、しかも同じ理系だったことから、すぐに仲良くなった。その後、ほかのメンバーや関係者とも親しくなり、彼らから頼まれて公演旅行に同行するなどして、公私ともに絆を深めました」。クイーンが日本でコンサートを開く際に興行を仕切ったのが渡辺プロ傘下の会社ワールド・トレジャーだったこともあって、彼らの来日公演にも帯同。その後はメンバー個人の音楽活動にも協力し、アルバム制作もしばしば手伝っている。

それからカズは、英国で発売されたばかりのレコードを大量に抱えて一時帰国するたびに、「ＰＴＰ」に出演してお勧めの新人バンドを紹介するなど、番組作りに大きく貢献した。先ほどのバスターの英国取材も、お膳立てをしたのはカズである。80年代以降も欧米と日本の架け橋となり、ザ・モッズ、沢田研二、忌野清志郎、アン・ルイス、ＸジャパンのＹＯＳＨＩＫＩほか、日本人の有名アーティストが海外で録音する際の準備を手伝った。

昔から裏方に徹してきたので一般的な知名度はないが、かようにカズは、音楽ビジネスの分野において多大なる働きをしてきた人物なのだ。演出の高麗も、カズに絶大な信頼を寄せてきた一人である。『ぎんざＮＯＷ！』を作っていたころでも、海外には日本人の通訳やコーディネーターはたくさんいましたが、洋楽が大好きで詳しい人はカズさんしかいませんでした」。その発言を当人に伝えると、「すごくうれしい言葉ですね」と笑みを浮かべた。カズは現在ロスアンゼルスに暮らし、世界中を飛び回りながら音楽ビジネスの最前線を走り続けている。

77年の音楽界はアイドルロック花盛りの1年となった。その顔ぶれは火付け役のベイ・シティ・ローラーズ、そして、そこから脱退したイアン・ミッチェル（＆ロゼッタストーン）とパット・マグリン（＆スコティーズ）、バスター、フリントロック、ハロー、ショーティなどで、全員が20歳前後の青年である。彼らは77年から翌年にかけて次々に来日してコンサートを開いたが、いずれも「ＰＴＰ」に生出演して、まだあどけなさを残した屈託のない笑顔を振りまいた。皮肉な言い方をすれば、アイドルは万人に好かれるイメージを売るのが仕事だから、人前ではいつでも陽気で、上機嫌でなくてはいけないのだ。

「ＰＴＰ」は積極的に欧米のアイドルバンドを後押しし、特にベイ・シティ・ローラーズでヴォーカルを担当したレスリー・マッコーエン、元メンバーのパット・マグリンと親しかったカズ宇都宮も、彼らの最新情報を番組でひんぱんに伝えた。「二人が日本でライブ

をやった時は、彼らに頼まれて同行しました。パットが『ぎんざNOW！』に出た時もスタジオまで行ったし、彼が初の自叙伝を出した時も（『パット・マグリン　ぼくの青春自伝』[*26]）、ぼくが取材して原稿にまとめました」。海外のミュージシャンが仕事で来日する場合、現地で円滑に仕事をこなしたり快適に過ごすためには、カズのように英語がしゃべれて、しかも日本に詳しい人物が必要だったのである。

パンクロック上陸！下着姿で歌った女性バンドのザ・ランナウェイズ

アイドルロックが盛り上がる中で、番組ではロンドンとニューヨークから登場したパンクロックもいち早く特集している。社会に対する怒りや不満を込めた歌詞を、熱量のある荒々しいロックンロールに乗せて歌うパンクロック。ロックの原点回帰でもあったその激情あふれる音楽は、幼い恋のときめきや切なさを歌い上げるアイドルロックの対極にあったが、パンクロックの不良っぽさもまた、多くの10代を魅了したのである。

70年代半ばのロックは、R&B、ジャズ、クラシックなど様々な音楽と結びついてより複雑かつ多様になり、また産業としても、より多額の金銭が動く巨大ビジネスと化していた。パンクロックはいわば時流に逆らった「ロックの先祖返り」であり、10代による荒っ

*26　78年12月にシンコーミュージックから発売。

ぽくて感情をぶちまけた演奏と、世間を挑発した歌詞に特徴があった。その象徴と言えるバンドが、英国出身のセックス・ピストルズ[*27]である。彼らの音楽ビデオをテレビでいち早く流したのも『ぎんざNOW！』だった。

パンクロックは、日本では76年の初めから一部の洋楽雑誌で紹介されていたが、認知度が上がったのは、同年10月に日本フォノグラムが「WE　ARE　PUNK　GENERATION」の宣伝コピーを掲げて、米国の新人バンドの初アルバムを発売した時だろう。そのバンドとはザ・ラモーンズ[*28]とザ・ランナウェイズで、ロサンゼルス出身の後者は来日時に「PTP」に生出演した。

ザ・ランナウェイズは女の子五人組で、女性だけのロックバンドには前例があったが、話題になった点では彼女たちが世界初ではないか。メンバー全員が16、17歳で、特に評判になったのが、初アルバムの1曲目を飾った「チェリーボンブ（邦題／悩殺爆弾）」である。しかもその演奏と歌詞もさることながら、舞台上でガーターベルトにコルセットという下着姿で歌うヴォーカルのシュリー・カリーが注目され、しかも間奏では、長い金髪をなびかせつつ手で握ったマイクを自らの股間あたりで突き立てるなど、その卑猥なアクションが世の男たちの視線を集めたのだった。青年向けの雑誌がいち早く彼女たちに飛びついた。月刊『GORO』である。売れっ子カメラマンの篠山紀信をロサンゼルスに派遣してビキニ姿のメンバーたちを撮影すると、来日直前にザ・ランナウェイズの特別号を発売したの

＊27　76年に「アナーキー・イン・UK」でデビュー。良識派のひんしゅくを買い、数々の騒動を巻き起こしながら2年後に解散。

＊28　74年にニューヨークで結成され、76年に『ラモーンズの激情』でデビュー。メロディーは単純明快で親しみやすく、ラブソングも多かった。

下着姿のシュリーが悩ましい「チェリー・ボンブ」(1976年10月発売)。作者の一人は仕掛け人のキム・フォーリー。

である。バンドの顔であるシュリーが表紙を飾ったのは言うまでもない。

演出の高麗は、レコード会社から彼女たちの存在を教えてもらうや否や、「オレたちが売ってやろう！」と気分が高ぶった。そして初アルバムが出た直後から「チェリーボンブ」の音楽ビデオを放送するなど、番組を上げて応援した。彼女たちは77年5月26日に初来日し、翌月2日に「PTP」に生出演したが、スタジオ内には学校帰りの女子中学生が殺到し、五人が登場するなり悲鳴のような歓声が起こって、彼女たちがスタジオを去るまで鳴り止まなかった。五人はまず「クイーン・オブ・ノイズ」を演奏し、進行役のサムとミキからの質問に答えたのち、代表曲の「チェリーボンブ」を熱唱した。もちろんシュリーは下着姿である。そして去り際にサム＆ミキからハッピを贈られると、各メンバーがうれしそうにそでに腕を通した。

「ＰＴＰ」が海外のバンドや歌手を招く場合、彼らに時間がある時は、事前の打ち合わせを銀座テレサの階下にあった小さなピザハウスで行なった。その際にザ・ランナウェイズと話した司会のミキに向かって、シュリーは小さな不満を漏らした。「日本では私のことをチェリーと呼ぶ人が多いけど、正しい発音はシュリーなのよ」。確かに日本のマスコミの多くが彼女の名前を「チェリー」と書いたが、この誤解は「チェリーボンブ」があまりにも強烈な印象を残したことから生じたものと思われる。

シュリーは自分に正直な人なのだろう。来日中に受けた雑誌取材（『ミュージックライフ』77年8月号）で、ほかにも日本に来て抱いた違和感を口にしている。いわく、日本のマスコミから尋ねられるのは私の舞台衣装のことばかりで、ちっとも私たちの音楽について興味を持ってくれない。確かにシュリーは次々に男性雑誌の表紙を飾り、彼女の露出度の高い舞台衣装ばかりが記事にされたが、「ＰＴＰ」の観客の多くは、意外なことに女子学生だった。きっと彼女たちは、同世代のシュリーが自らを偽らず素直に物を言う姿に、憧れを抱いたにちがいない。

ザ・ランナウェイズは28日間の日本滞在中にコンサートを6回行ない、テレビとラジオへの出演、雑誌の取材撮影など、計70本の仕事をこなした。寝る間もないような多忙ぶりである。またテレビでは、フジテレビ『夜のヒットスタジオ』、ＮＨＫ『レッツゴーヤング』、日本テレビ『時間だヨ！アイドル登場』など、ふだんは主に歌謡曲の歌手しか出ない音楽番組にも呼ばれて、生演奏を披露した。そうしたメディアへの積極的な露出が功を奏したのか、「ＰＴＰ」の洋楽ランキングでも、来日から約1ケ月後の7月7日から、「チェリーボンブ」が3週続けて1位を獲得している。

だが人気の高さとは裏腹に、彼女たちはがけっぷちに立っていた。日本での最終公演を終えると、ベースのジャッキーのジが突如としてバンドから脱退。1週間後に出演した東京音楽祭は、急きょギターのジャッキーョーンがベースを弾いて難局を乗り切ったが、帰国後ほどなくして今度はシュリーもバンドを抜けてしまい、双子の妹マリーと音楽活動を始めてしまったのだ。来日時の彼女たちを取り上げた雑誌のページをめくると、シュリーが、まだ17歳なのにタバコをくわえているものが何枚もある。そのふてぶてしい姿は「大人への反抗」を音楽で表したパンクロッカーらしいが、なぜか彼女の表情は物憂げで、生気が感じられない。

シュリーもジャッキーも、仕事に忙殺される日々に疲れたのか。あるいは、裏で操るプロデューサーが作り出した虚像を演じることに耐え切れなくなったのか。日本フォノグラムで彼女たちの宣伝を担当した北澤孝は、来日中のメンバーたちが「みんな酒飲んだり男と遊んだりで、わりといいとこのお嬢さんだったベースのジャッキー・フォックスが怒って帰っちゃって、そのまま脱退」と回想している（篠崎弘『洋楽マン列伝2』より）。そうした波乱の舞台裏は、のちにシュリーが綴った回想録を元に『ザ・ランナウェイズ』[*29]として

＊29　シュリー役は女優のダコタ・ファニングで、監督はF・シジスモンディ。日本公開は11年。

米国で映画化されたが、そこで描かれたセックスとドラッグとロックンロールに溺れる日々も、彼女たちのある一面を描いたに過ぎない。いずれにせよ「ＰＴＰ」に出た時の彼女たちは、それぞれが不安を抱え、程度の差こそあれ「終わり」を予感しながら演奏していたはずである。バンドの解散は来日から2年後で、75年の結成からわずか4年目のことだったが、今では「女性ロックバンドの元祖」として高く評価されている。

コンサートは不入りでも不満を言わなかったブロンディー

3枚目のアルバム『恋の平行線』。発売は1978年で、人気上昇のきっかけとなった作品。

78年1月には、ニューヨーク出身のバンド、ブロンディー[*30]が初来日コンサートを行ない、同月19日には「ＰＴＰ」に生出演した。ただしサム＆ミキとの質疑応答のみで、残念ながら演奏はしなかった。翌日に日本を離れるために、機材が空港へ運ばれた後だったのである。今から思えば、このバンドは夢見るような10代向けの60年代ポップスを愛し、その魅力を自分流に表現しただけだったが、なぜか日本では「パンクロック」として売り出された。また紅一点のヴォーカルであるデ

＊30　76年に初アルバムを発表。80年には「コール・ミー」が英米で1位に。またデボラ・ハリーは、SF映画『ビデオドローム』で役者に挑戦した。

ボラ・ハリーはその着こなしのうまさが注目され、「PTP」でも赤いベレー帽に赤いセーター、そして年代もののジーンズと、派手さはないが品の良い服装で登場した。きっと彼女の私服だったのだろう。加えて男性のメンバーたちも自然体かつ気さくで、本番中なのに客席へカメラを向けてシャッターを切ったり、進行役のミキの不意をついて、その頬に軽く口づけをしていた。さらに驚いたのは、その直後にサムが図々しくもデボラにキスをねだると、彼女は迷うことなく希望をかなえてくれたのだ。サムが天にも昇るような気分でうれしそうな表情を浮かべた姿が、今でも鮮やかに思い出される。

ブロンディーの来日公演は計6回開かれたが、二千人が入る会場はどこも記録的な不入りで、特に2階はすべて空席だったという。アルバムは日本でもすでに2枚発売されていたが、ヒット曲がなかったので、この結果はやむを得まい。サム&ミキから「日本の観客はどうでしたか」と問われると、メンバーは口々に「世界で一番すてきなファンだよ!」と明るく即答した。不平を言わず、逆に観客への敬意を示したブロンディーは実に素晴らしい。なお、のちに彼らが録音、発売した「ハート・オブ・グラス」が英米のヒットチャートで首位に駆け上がるのは、帰国して1年後のことである。以後、彼らの快進撃は続き、のちに米国で「ロックの殿堂」に入るほど、その活動は世界中で称賛されている。一度は解散したものの15年後に再始動し、17年には新作アルバムを発表して気を吐いた。

ロックバンドが秘密の地下通路から脱出

海外ミュージシャンが番組に出演するたびに、銀座テレサの周りを、彼らを一目見たいという熱烈なファンたちが取り囲んだ。77年2月3日、来日中のエンジェルが[*31]「ＰＴＰ」に生出演した。エンジェルとはメンバー全員が白い衣装に身を包み、長い金髪をなびかせた、美形青年五名で結成された米国出身のバンドである。日本では「アメリカ版クイーン」として売られ、この日も、銀座テレサには若い女の子たちが詰めかけた。その様子を記した雑誌に、気になる記述があった。「みんな大ハシャギで、ミッキーは「あのコと友だちになりたいナ」とキョロキョロ。番組が終わると待ちかまえた３００～４００人のファンの目をくらまし、秘密の地下通路をつかって見事脱出成功。呼んでおいたハイヤーはつかわず、流しのタクシーでホテルへ」（『音楽専科』77年4月号より）。ミッキーとはエンジェルのベース担当だが、さて「秘密の地下通路」とは何なのか？　二人の担当ディレクターに質問してみた。「美術関係の物が置いてある場所の裏へ回ると地下通路があって、それが向かいの三越デパートへ続いていた。地上の出口には、いつもバンドの関係者が前もって車を待たせていました」（大島敏明）。「あの通路は銀座テレサの入っていたビルが建てられた際に、三越の関係者が使うために作られた。『ぎんざＮＯＷ！』では、特に海外

＊31　キッスに見出されたアイドル系ロックバンドで、75年にアルバム『天使の美学』でデビュー。5枚目のアルバムを出した81年に解散したが、19年に再始動を発表した。

のバンドがスタジオへ来た時に利用することが多かった。その日に誰が来るかを知っている三越の従業員たちが、よく通路で見物していましたよ」（高麗義秋）。ファンの女の子たちはお目当てのミュージシャンに会えなくて肩を落としただろうが、放送後に出演者を無事にスタジオから送り出すまでが、スタッフの仕事である。この秘密の地下通路は、彼らにとって実にありがたい存在だったにちがいない。

第4章

ジョン・レノンは『ぎんざNOW!』を見たか

イアン・ギランと沢田研二、二大スター夢の共演！

「PTP」でダントツに衝撃的だった場面といえば、元ディープ・パープルのイアン・ギランと、歌謡界の頂点に立っていた沢田研二の初共演である。

70年代の初めに、世界中でハードロックが一大ブームになったが、日本での人気を二分したのが、英国出身のレッド・ツェッペリンとディープ・パープルだ。イアン・ギランはそのディープ・パープル[*1]の黄金期を支えた2代目ヴォーカリストで、彼らの72年の来日公演を収めたアルバム『ライブ・イン・ジャパン』は、ロック史にさん然と輝く名盤として今でも評価が高い。かたやジュリーこと沢田研二は、ザ・タイガースを経てソロ活動を始めるとヒット曲を連発し、特にイアン・ギランと初共演した77年は、同年の暮れに「勝手にしやがれ」で日本レコード大賞、日本歌謡大賞という邦楽界の二大タイトルを獲得するなど、乗りに乗っていた。

そんな二人のスター歌手が『ぎんざNOW！』で共演したのは、77年6月9日のこと。いつもは洋楽中心の「PTP」だがこの日は特別で、「ジュリー・イン・テレサ」と銘打って、ゲストの沢田に自身の楽曲をたっぷりと歌ってもらった。74年2月11日に続いて、二度目の番組出演である。

＊1　68年に初アルバム『ハッシュ』を発売し、現在も活動中。イアン在籍時代の代表曲は「ハイウェイ・スター」「スモーク・オン・ザ・ウォーター」。

制作費が極端に少なかった『ぎんざNOW！』にあって、なぜ沢田のような人気歌手が出演してくれたのか。交渉に当たったのは演出の高麗義秋である。「沢田さんに「出演料が少なくて申し訳ないが」と言ったら、叱られたんです。あなたは『ぎんざNOW！』が好きで、自信を持って作っているんでしょ？　だったら、そんなに卑屈になってはいけないって」。沢田は「誇り」を大切にする男なのである。さらに沢田は「ぼくはギャラが安くても、出たい番組には出るから」と言い、出演を快諾した。そのころの沢田は、いつも大きな会場でコンサートを開いていた。かたや『ぎんざNOW！』を生放送する銀座テレサは、それよりも遙かに狭いスタジオだが、きっと沢田は、デビュー前に歌っていたライブハウス特有の、観客との近さが生み出す熱気や一体感を、久しぶりに味わいたかったのではないか。

出演から2年後に、沢田はこの時の思い出をこう語っている。「テレサ狭いでしょ。でもああいう所でお客さん、ファンの人達とやるのはテレくさいけれども面白いですよね。楽しいってゆうか。でもあまり時間が長いとテレくさいけどね（笑）」（NOW特派員クラブ事務局発行「TOMO」[*2]第6号）。『ぎんざNOW！』への出演が特別なものだったことがうかがえる言葉である。

沢田の出演が決まった時期に、たまたま新作アルバムを宣伝するために来日したのが、ディープ・パープルを抜け、ソロ活動を始めていたイアン・ギランだった。この時32歳で

＊2　本書235ページを参照。

沢田の三つ年上だから、二人はほぼ同世代である。そして彼のレコードを日本で発売する東芝EMIの仲介により、沢田との初共演が決まったのだった。なおイアンは日本に6月7日から5日間滞在したが、出演したテレビ番組は『ぎんざNOW!』だけである。

6月9日午後5時、ついに生本番が始まった。まず沢田が自らのヒット曲をメドレーで歌い、客席が熱気に包まれていく。そして歌い終わると司会のサムとミキが登場し、ミキから「PTP」初出演の感想を聞かれると、「時々、番組を見てましたけど、すごいですね、ムンムン熱気が」とうれしそう。続けてミキの呼びこみでイアン・ギランが姿を現した瞬間、スタジオを埋めた観客が歓声を上げた。サムが沢田にディープ・パープルの印象を問うと、「歌ってましたよ、盛んに。「ブラック・ナイト」とか「チャイルド・イン・タイム」とか。まさかご本人と歌えるなんて、思ってもみなかったですね」。沢田はソロ歌手になる前に結成したPYG[＊3]のコンサートで、洋楽ロックを英語で積極的に歌ったが、その中には、イアン在籍時代のディープ・パープルの曲も含まれていた。また、彼は少年のころからザ・ローリン

進行役の水野三紀から紹介されるイアン・ギラン。

＊3　沢田研二、萩原健一らグループサウンズの人気者が結成したバンド（読みはピッグ）。71年に初レコードを出し本格派のロックを目指すが、短命に終わる。

グ・ストーンズが好きで、ソロ歌手になってから彼らの故国イギリスでアルバムを録音している。それからイアンと共演した前月には、来日中だった女性ロッカーのスージー・クアトロと、ＮＨＫの歌番組[*4]でエルヴィス・プレスリーの「ハートブレイク・ホテル」を一緒に歌っている。カメラの前では喜怒哀楽をあまり表に出さなかった沢田だが、洋楽ロックへの憧れを持ち続けてきた人だけに、イアンとの共演はかなり気分が高揚したにちがいない。

歌詞を間違えた？　イアン・ギラン

ついに沢田とイアンが一緒に歌う時が来た。曲目はザ・ビートルズの「ゲット・バック」[*5]である。演出の高麗いわく「事前に沢田さんと相談したら、循環コードの単純な曲がいい、いい、ということになった」という。番組レギュラーのＭＭＰが演奏を始め、まず沢田が歌い出す。過去に自身のコンサートで披露していた曲だから、英語の発音も良く、伴奏にも乗っている。間奏を経て、今度はイアンが歌い始めた。出だしは快調だったが、おや、何か変だぞ。なんと、途中から歌詞が全くちがっているではないか。歌詞をど忘れしたのか、それともわざと変えたのか。続けて二人一緒に熱唱したのち、曲の終わりで同時に雄叫びを上げたが、イアンのそれは天空を切り裂くほどの高音で、迫力と声の伸びはさすが

＊4　77年5月25日放送の『歌のグランドショー』。

＊5　ザ・ビートルズ最後のアルバム『レット・イット・ビー』収録。沢田は自身のライブLP『JULIE7』のほかに、テレビでは西城秀樹と、ステージでは忌野清志郎らとこの曲を歌った経験あり。

の沢田もかなわなかった。それも無理はない。実はこの雄叫びは、ディープ・パープル時代からイアンの得意技だったのだ。

どうやらイアンが歌った「ゲット・バック」は、彼のファンの間でも話題になったらしい。彼が翌78年に来日してコンサートを行なった際、会場で売られたパンフレットに記された年表に、こう書かれている。『ぎんざNOW!』に出演して、沢田研二と一緒にビートルズの「GET BACK」を歌詞を変えて歌う。「歌詞を変えて」という言い方は、自らの意志でそうしたとも受け取れるが、さて真相やいかに？

当日、スタジオで1番カメラを担当した池田治道によると、二人の白熱した歌唱は、全ての「PTP」の中で一番身震いした瞬間だったという。「沢田さんは当時のトップ歌手だから、とにかく存在感がすごい。イアン・ギランのことは実はよく知らなかったけれど、歌っている二人が放つ熱気が、カメラ越しでも強烈に伝わってきましたよ」。同様に、多くの人からこの時の「ゲット・バック」はすごかったという話を耳にしたが、そのたびに後悔の念がこみ上げた。幸いにも、のちにその音声だけは聴くことができたが、当日の『ぎんざNOW!』を見逃してしまったのである。「PTP」に海外からゲストが来る時は、ほとんどの場合、前もって番組で予告されなかったからだ。

二人の熱唱をジョン・レノンがテレビで見ていた？

この日の「ゲット・バック」は、今でも一部の音楽ファンの間で語り草になっているが、実は二人の共演はもう一つの伝説を生んだ。生放送中に、なんと元ザ・ビートルズのジョン・レノンが、『ぎんざＮＯＷ！』を作っていたＴＢＳに電話をかけてきたというのだ。にわかには信じがたい話だが、本当なのだろうか。

確かにこの時期に、ジョンは日本にいた。そのころ音楽活動を休んで子育てに専念しており、妻オノ・ヨーコの故郷である日本に、妻子と共に来ていたのである。では電話の一件は事実か。放送を見た坪内祐三少年はのちに評論家となり、その時の思い出をエッセイに綴った。「その番組が終わる直前、司会のせんだみつおが、「今ジョン・レノンさんから局あてに電話がかかって来て、「ゲットバック」の歌詞に間違いがあったそうです」と興奮しながら語ったのを憶えている」（『週刊文春』01年12月13日号）。司会者の名前は坪内の記憶ちがいだが、これは少しできすぎた話という気もする。ジョンがＴＢＳの電話番号を知っていたとは思えないのだが……。

現場にいた進行役のミキこと水野三紀によると、「電話」の件は放送の終了後、演出の高麗が半ば笑い話のように教えてくれたと記憶しているとのこと。もし先のエッセイにある話が事実なら、電話の一件を本番中に報告した「司会」は、水野と一緒に進行役を務めた、サムこと小清水勇だろうと言う。しかしサムはすでに故人で、当日の放送を担当したスタッフたちに尋ねても、本番中にジョンからＴＢＳに電話が入ったという確証は得られなかった。

ならばダメ元で当人に聞いてみよう。だがジョンは狂信的なファンに銃で撃たれ、40歳で非業の死を遂げている。そこで、ディープ・パープルに復帰して活動中のイアン・ギランに、問い合わせのメールをつたない英文で書いて送ってみた。もちろん当人と面識はない。しかも尋ねるのは、42年も昔の話である。すると、なんという幸運だろう。秘書を通じて、質問に対する本人の答えが返ってきたのである。

宿泊先でジョン・レノンと鉢合わせ

まずは、イアンが「ゲット・バック」を歌った時に、２番の歌詞が間違っていた点についての回答である。「あの日は、わけがわからないままスタジオへ連れて行かれた状態で、司会者が「では歌ってください」と言うまで、何も事情がわからなかった。それに、ぼくは「ゲット・バック」という曲をよく知らなかったし、歌詞が書かれた紙を見ても、その内容が正しいのか判断できなかった。あの時はすべてが混乱していたんだよ」。東芝ＥＭ

Ｉの菊地洋一郎は、宣伝を担当していたイアンに来日中ずっと密着し、その模様を雑誌『音楽専科』の77年8月号に寄稿している。それによると当日の生放送は、現場でリハーサルを一度行なっただけで、そのせいもあって、本番でイアンは「歌詞の一部を変更してユーモアを加えた、彼独特のフレージングを披露した」という。なるほど、この感想にはうなずけるところがある。というのもイアンが人前で「ゲット・バック」を歌ったのは、半世紀を越える彼の音楽人生にあって、後にも先にもどうやら『ぎんざＮＯＷ！』の一度きりらしいのだ。もし事前に歌詞を覚えたとしても、本番でど忘れしても無理はないのではないか。

続いて、ジョン・レノンにまつわる「噂」に対するイアンの答えである。「あの時ジョンはぼくと同じホテルに泊まっていて、部屋も隣だった。ぼくが「ゲット・バック」を歌ってからホテルへ戻ると、出かけようとしていたジョンと、廊下でばったり会ったんだ。彼は、偶然テレビでぼくが歌う「ゲット・バック」を見て、その時に眉を吊り上げて驚いたみたいでね。顔を合わせたとたん、二人とも笑い出してしまった。「歌詞を間違えたな」とは言われなかったよ」。これは驚いた。イアン唯一の自伝本（邦題『紫の叫び』）にも載っていない、初耳の話である。当時の音楽雑誌を調べたら、確かにイアンもジョンも、都内のホテルオークラ[*6]に宿泊していた。興味深いのは、同時に「二人とも笑い出し」たことだが、それぞれの「笑い」の中身は少し異なるはずだ。イアンのそれには「ゲット・バッ

＊6　77年10月5日に同所でジョンとヨーコが会見。日本に滞在中、マスコミが自分たちを追い回さなかったことに感謝の言葉を述べた。

ク」の歌詞を間違えて歌ったことに対する照れが含まれていただろう。またジョンの笑みには、多少の皮肉が混ざっていたかも知れない。かつて自分がザ・ビートルズ時代に盟友のポール・マッカートニーと歌った「ゲット・バック」。その曲をイアンが正しく歌えなかったことを、少しからかおうとしたのである。

その後も手を尽くしたが、ジョンがTBSに電話をかけたか否かは判明しなかった。それから、もう一つの噂についても真相はわからなかった。「ゲット・バック事件」の翌年にイアンが再来日した際、仕事先で『ぎんざNOW！』の取材を受け、「出演後にジョン・レノンと偶然ホテルで鉢合わせし、番組を見たけど歌詞がちがっていたねと言われた」と語る映像が、「PTP」で放送されたというのである。

だがイアンの証言から、少なくともジョンが「ゲット・バック」の生放送を見たことは間違いないと確信した。解散から半世紀を経た今も、世代を超えて世界中で愛されているザ・ビートルズ。その元メンバーがテレビで『ぎんざNOW！』を見たことは、番組関係者と視聴者にとって誇らしいことではないだろうか。それが証拠に、77年12月15日放送の回に興味深いイラストが登場したのである。画面に「ポップティーンポップス」の文字が映し出された小さなテレビ。そこにコードがつながり、床に腰を下ろした男が、ヘッドホンで放送を聴いている。男のひざには、ぐにゃりと曲がったエレキギターが乗っている。男の鼻は高く、丸メガネをかけている。どう見てもジョン・レノンその人なのである。

ロックバンドのキッスに化けて登場した謎の男

「ＰＴＰ」では数々のバンドや歌手の音楽ビデオを流したが、見た目の奇抜さでは、米国出身のキッス[*7]が群を抜いていた。なにしろメンバー四人とも、いつも顔に歌舞伎風の化粧を施しており、演奏中に口から火を吐くなど、見世物のような楽しさもあったからだ。日本のレコード会社は、彼らをエアロスミス[*8]、チープトリック[*9]と共に「ロック御三家」と呼び、男女を問わず洋楽の好きな10代から支持されていた。

そのキッスは「ＰＴＰ」の常連で、新曲が出るたびに音楽ビデオを紹介し、ベストテン[*10]にも食いこんだ。彼らの人気を受けて、ある回でキッス特集を行なうことにした。カメラ担当の池田治道は構成作家の宮下康仁に声をかけられた。「今回はちょっと遊びたいんだ。ついては池田、キッスみたいなメイクをして出演してくれ、って頼まれたんです」。池田は裏方だし、もちろんテレビに出たこともない。内心は抵抗があったが、結局は申し出を受け入れた。本番直前に番組専属のメイク担当の女性が、池田の顔に、歌舞伎役者の隈取りみたいな線を描いた。「なにしろ人生初の化粧ですからね。戸惑いましたよ」。そして放送が始まり、司会のサムが「今週の第×位はキッス！」と声を張り上げると、ミキが言葉を続けた。「今日はキッスが大好きなカメラの池田さんが、キッスのメイクをしてくれてい

＊7　74年にレコードデビュー。その恐ろしげな衣装やメイクから、日本では「地獄からの使者」というイメージで売られた。その後も現役を続けたが、19年に最後の日本公演を行なうと発表。

＊8　米国ボストンで結成され、73年に初アルバム『野獣生誕』をリリース。

＊9　米国出身で、77年に初アルバムを発表。番組では、初来日した78年の4月23日に都内スタジオでリハーサル中の彼らを取材し、その様子を「ＰＴＰ」で放送。

＊10　唯一首位を獲得したのは、バラード調の「ハード・ラック・ウーマン」。

ます！」。次の瞬間、キッスに化けた池田の姿が画面いっぱいに映し出された。思い出を語る池田が、思わず「あの時は照れ臭かったなあー」と頭を掻いた。「作家の宮下さん、演出の高麗さん、大島さんとはすごく仲が良くて、よく遊んでいたんです。今でも親しい。だけど仕事の上では、三人とも先輩。何か頼まれたら逆らえないんですよ」。その後も彼ら「先輩」たちに頼まれて、クイーンのフレディー・マーキュリーになりきってタイツ姿で登場するなど、池田の特別出演は番組のちょっとした名物になった。「高麗さんたちから「後でうまいもの、食わせてやるから」と言われると、出演を断りきれなくて。だけど楽しかったことは楽しかったですね」。司会のサムは、クイーンのシングル盤[*11]に解説を書いた際、池田について触れてくれた。「いつも1カメの池田くんがクイーンを応援してくれています。ありがとう！　って書いてくれたんです。[*12]うれしかったですね」。『ぎんざNOW！』は曜日ごとに担当する制作会社が異なったが、特に木曜日はスタッフ、出演者が公私の区別なく親しく付き合った。台本をめくると、ある回のスタッフ欄には「ハネムーン高麗」「ベイビー大島」などと書いてある。ディレクターの高麗は結婚したばかりで、大島は妻君が子供を授かったばかりだったので、作家の宮下が面白がって呼び名を付けたのだ。ちなみにカメラマンの池田は「バンツマ池田」と記されている。当時の池田は血気盛んな好男子で、往年の時代劇スターである阪東妻三郎、愛称「バンツマ」に顔が似ていたからである。

＊11　78年5月発売の「イッツ・レイト」。

＊12　以下、解説文から一部再録。「1カメの池田君、貴方は年を考えず、ラクダのモモヒキに白黒のTシャツを着て、ファンを喜ばせてくれました。クイーンもきっと大喜びしているでしょう」。

「ＰＴＰ」にはハードロック系のバンドも登場したが、78年7月に出演した英国生まれのジューダス・プリーストほか、その大半がレコードに合わせて歌と演奏のまねをする「口パク」だった。番組スタッフは出演当日にバンド自身で演奏するかどうかについて、いつも本人たちに判断をゆだねていたが、洋楽好きとしてはやはり生演奏が聴きたかった。78年6月に登場した米国出身のヴァン・ヘイレン[*13]も「口パク」だったが、司会のサム&ミキとのやりとりは印象に残るものだった。ヴォーカルのデビッド・リー・ロスは長い金髪をなびかせた色男で、歌う時も艶かしく腰を振ったりしていた。その日の衣装も胸を大きくはだけたもので、歌が終わって司会のミキから質問を受けた際に、彼女の美貌に吸い寄せられるように身体を密着したのである。数々のミュージシャンから話を聞いてきたミキも、さすがにこの時だけは困惑しているように見えた。

惜しまれつつ「ポップティーンポップス」終了

「ＰＴＰ」には、人数こそ少なかったが、渋めのロック・ミュージシャンやフュージョン系の演奏家も来日した際に生出演している。ボブ・ディランの専属バンドを長らく務めたザ・バンドでギターを弾いたロビー・ロバートソンは、78年7月にスタジオに現れた[*14]。目的は、日本でも上映されることになった、ザ・バンドの解散コンサートを記録した映画

＊13　78年に初アルバム『炎の導火線』を発売。なお番組で歌った曲は「ユー・リアリー・ガット・ミー」。

＊14　のちにロビーの番組出演時の様子を、同行したカメラマンの渡辺真也が写真付きエッセイで紹介（『レコードコレクターズ』11年6月号）。

『ラストワルツ』[*15]の宣伝である。進行役の水野三紀にロビーの印象を尋ねると、「思ったよりも小柄な人でしたが、さすがの存在感がありました」と答えてから、小さく苦笑いを浮かべた。「実は私はザ・バンドは好みではなく、彼らの音楽もよく知らなかったので、ロビーの隣でたぶんぼーっと座っていたと思います。一緒に司会をしていたサムは、真剣にインタビューしていましたが」。彼女が『ラストワルツ』を観たのは、ずっとのちのことだった。

ベースの弦を親指ではじく独創的な奏法を得意としたブラザーズ・ジョンソンも、78年5月に「PTP」に招かれた。たまたまその日に出演していた日本のロックバンド、ハリマオを率いた冨永正廣は、メンバーのルイス・ジョンソンによるベース演奏を目の当たりにして腰を抜かした。「親指で弦をはじく回数、スピードがとにかくすごいんですよ。ハリマオのベーシストに同じことをやらせせましたが、全くできませんでした」。その奏法は「チョッパー弾き」と呼ばれたが、日本のミュージシャンの間でも瞬く間に大流行した。

進行役の水野も、彼らの出演には興奮を隠し切れなかった。「彼らのLPを初めて聴いて以来、ずっとファンでした。あの時は珍しく私からお願いして、サインを書いてもらいました。残念ながら来日した際にスタジオには来ませんでしたが、マイケル・フランクスも大好きでしたね」。このころ水野は、77年4月からNHK―FMの『軽音楽をあなたに』[*16]の月曜と火曜で、DJと選曲を担当中だった。番組内で紹介したのは、10代が好む陽気で

*15　ボブ・ディランら豪華ゲストがザ・バンドと共演。監督はマーティン・スコセッシ。

*16　77年4月から85年3月まで平日夕方に放送。初代DJの水野、山本さゆり、滝真子の出演により、19年8月に特番で復活。

明るい洋楽が専門だった「PTP」とは異なり、大人向けの、静かで洗練された欧米の音楽、そのころの言葉でいうところのAOR（アダルト・オリエンティッド・ロック）を毎回放送していた。水野が愛聴していたマイケル・フランクス[*17]も、その分野を代表するアメリカのシンガーである。彼女は10代で出会ったザ・ビートルズがきっかけで洋楽好きになったが、年齢を重ねる中で音楽の好みが変わっていったのだろう。それは視聴者も同じで、最初は新鮮に感じられた洋楽ポップスも、日常的に聴いて耳が肥えていく中で「特別なもの」ではなくなったのである。

洋楽の普及を後押ししてきた「PTP」だが、その役目を終える時がついに来た。78年9月28日に、第96回をもって幕を閉じたのである。当日はこれまでコーナーを支えてきた進行役のサム&ミキが、過去に番組の人気ランキングで1位を取った曲を矢継ぎ早に紹介。ベイ・シティ・ローラーズの「二人だけのデート」、ザ・ランナウェイズの「チェリーボンブ」、クイーンの「伝説のチャンピオン」、アース・ウインド&ファイアーの「宇宙のファンタジー」、ビリー・ジョエルの「ストレンジャー」、ビージーズの「恋のナイトフィーバー」などの音楽ビデオが流れた。さらに同コーナーの常連だったハワイ出身のカラパナ[*18]がスタジオに駆けつけて生演奏し、さわやかなコーラスで酔わせてくれた。最後に放送された曲は、イーグルスの「ホテル・カリフォルニア」であった。惜しくも1位は逃したものの、多くの視聴者から支持を集めた曲である。

＊17　同氏のアルバム『シティ・エレガンス』（78年）に水野が解説文を寄稿。

＊18　75年にアルバムデビュー し、77年に初来日。代表曲は「メニー・クラシック・モーメンツ」。

コーナーの最後を迎えた演出の高麗は、2年近くにわたって大好きな洋楽を紹介できたことで満足感に浸っていた。「欲を言えばキリがないが、「PTP」でただ一つやり残したのは、途中で新人アイドルの歌を入れずに、最初から最後まで洋楽だけで埋めること。音楽ビデオを流したり、上手に英語で歌える日本の歌手やバンドに、海外の最新ヒット曲を歌ってもらったりしながらね」。海外の最新音楽ビデオをランキング形式で流し、来日したミュージシャンをスタジオに迎えて話を聞く。そうした「PTP」の特色を受け継いだテレビ番組が再び出現するのは、3年後に放送が始まる、小林克也司会のテレビ朝日『ベストヒットUSA[*19]』まで待たなければならなかった。

人気絶頂だったABBAの生出演と、英語が上手な進行役のCOPPE

「PTP」なき後、番組で毎週洋楽を取り上げたのが、TBS傘下の日音が制作した金曜日である。来日中の海外ミュージシャンが毎回のようにスタジオに立ち寄ったが、世界中で売れていたスウェーデン出身の男女四人組、ABBA[*20]も78年11月24日に生出演して、リズムが軽快な新曲「サマー・ナイト・シティー」を歌っている（残念ながら「ロパク」だったが）。前年に「ダンシング・クイーン」が日本でも爆発的に売れた彼らだけに、スタ

＊19　マドンナ、ロバート・プラント、ホール＆オーツほか来日中のバンドや歌手も多数出演。81～89年に放送後、03年に復活。

＊20　74年に「恋のウォータールー」が初ヒットし、以後「SOS」「チキチータ」ほかヒットを連発。82年に解散したが、18年に再始動を発表。

ジオには大勢の若者が殺到した。大学生の吉崎弘紀もその一人で「ABBAが目の前を通ったら、とても良い香りがした」という。身にまとった香水のせいだろうか。

担当ディレクターは酒井孝康だった。「当日は入場制限をしたが、ABBAがステージに現れると観客が前へ突進したので、ガードマンやスタッフが制止した。とにかく観客の熱気がすごかったですね」。ABBAに限らず海外からのゲストが番組に出演する場合は、彼らが多忙のために十分な打ち合わせができなかった。「本番直前にリハーサルだけはやりましたが、司会者とのやりとりを確かめる程度で、いつも簡単なものでした」。なんでもABBAは番組出演とマスコミの取材に追われ、10日間の日本滞在中、自由時間はたったの2時間半しかなかったらしい。テレビだけでも、『ぎんざNOW！』のほかに日本テレビ『11PM』、フジテレビ『ミュージック・フェア』、TBS『ザ・ベストテン』で歌い、さらにTBSで1時間番組のスタジオライブまで収録しているのだから、本当に彼らは働き者である。ちなみに、彼らのレコードを日本で発売したディスコメイトレコードはTBSの関連会社で、その縁から先の1時間番組や『ぎんざNOW！』への出演が実現したのだろう。

ABBAの初来日記念シングル「サマー・ナイト・シティー」。

本番中にAᗺBAから話を聞いたのがCOPPE[＊21]（当時はコッペ）という女の人で、『ぎんざNOW!』の金曜日に毎週出演していた。彼女の両親は日本人で、COPPEとは、生まれた時の顔つきがコッペパンに似ていたことから母親が付けた愛称である。父親が不動産取り引きの仕事をしていた関係で、幼いころからハワイと日本を行き来し、その中でごく自然に英語力を身につけたという。『ぎんざNOW!』でも海外ミュージシャンを相手に、冗談も交えながら見事な英会話を披露した。30年ほど前に米国に移り住んだが、この数年は故国の日本で過ごすことも多く、帰国中に都内で会うことができた。

画面に映った彼女はいつも活発かつ陽気で、喜びを表す時も「ワオーッ!」「イエーッ!」などと外国人のように声を張り上げ、会話の途中に英単語が混じることも多かった。AᗺBAと対面した際にも「今日は正装してきちゃった、やだあー!」と興奮ぎみに声を上げ、タキシード柄のTシャツ姿で、スタジオを訪れた彼らを出迎えた。AᗺBAの印象をCOPPEに問うと、「間近で見ていて、ヴォーカルの女性二人[＊22]がすごく美人でしたねえ」とのこと。彼らとの質疑応答の途中で「今日はロレツが回ってないなあー」と反省していたが、何があったのか。「今から思うと、『ぎんざNOW!』に限らずテレビに出た時はいつも早口で、しかも絶えずしゃべっていましたね。というのも、COPPEはその前から『オールナイトニッポン』とか色々とラジオでDJをやっていたから、放送中に黙ることが怖かった。だって無音が続くと放送事故になるでしょ?その感覚がテレビに出た時

＊21　70年代には、谷啓が率いたバンド、スーパーマーケットで歌ったり、ドラマ『時間ですよ昭和元年』でかまやつひろしの妹役を演じた。

＊22　アグネッタとアンニ・フリッド。

も抜けなかったのね」。せんだみつおも同じことを述べていたが、マイクの前で黙るのが怖いという感覚は、ラジオDJ出身者に特有のものらしい。

COPPEは70年代半ばから10年余りにわたって、マスコミの依頼で来日した有名ミュージシャンを数多く取材しており、『ぎんざNOW！』に呼ばれたのも、その実績が買われたからだろう。「私は昔からインタビューの仕事が大好きで、数え切れないほどのバンドやシンガーに話を聞きましたよ。マドンナ、シンディ・ローパー、ポリス……それからマイケル・ジャクソンには何度も取材したし」。インタビューの極意とは何か？「いつも相手に本心を見せること。そうすれば、初対面の人でも必ず心を開いて話してくれます。もし話が脱線しても、そのアーティストの人柄が伝われば、それでいいんじゃないかな」。相手がすぐに心を開いた実例として彼女が明かしてくれたのが、「ファンクの帝王」ことジェームス・ブラウン[*23]、愛称JBへの取材である。来日したJBと対面したCOPPEだったが、スタッフの都合で取材の開始が少し遅れることになった。時間を持て余した彼女は、JBに前から興味のあったことを尋ねた。「ジェームズ・ブラウンって、ステージで歌っている途中で、必ず何度も独特の奇声を発するんですよ。そのことを本人に質問したら、すごくうれしかったみたいでね。お得意の奇声をその場で出してくれて、しかも「お前もやってみろ」って言うの。それで二人で交互に「イーッツ！」「アーッツ！」って雄叫びを上げていたら、私もだんだん楽しくなっちゃって」。

＊23　33年生。56年に「プリーズ・プリーズ・プリーズ」でデビュー。90年代には彼の楽曲がサンプリングの素材として多用され、若い世代から注目された。06年没。

ＣＯＰＰＥは実は音楽家でもある。３歳からクラシックピアノを習い、13歳の時に長谷川よしみ名義で曲を書いて歌った「ペケのうた」が、日本レコード大賞の童謡賞を受賞。マスコミはその才能に驚嘆し、天才少女と書き立てた。95年からマンゴー＋スイートライスレコードを自ら運営。これまでにほぼ年に１枚アルバムを発表し、さらに毎年、欧米を中心に観客の前で歌と演奏を聴かせている。彼女が「洋楽紹介者」としてマスコミで果たした役割は大きく、『ぎんざＮＯＷ！』での活躍も忘れることができない。

なお、ＡＢＢＡが来日した際に所属のディスコメイトレコードが密着取材を行ない、のちに映像作品としてまとめられたが、長らく目にする機会がなかった。ところが幸いなことに、09年に海外で発売された『ＡＢＢＡ　ＩＮ　ＪＡＰＡＮ／日本上陸』というＤＶＤに、その映像が特典として収められたのだ。その中にはＡＢＢＡが『ぎんざＮＯＷ！』で歌う姿やＣＯＰＰＥらと会話する様子も含まれ、車で銀座テレサに乗りつけて慌ただしくリハーサルを行ない、休憩中にマクドナルドのハンバーガーにかぶりつく彼らの姿も拝める。多くの海外ミュージシャンと同じように、彼らも日本食が口に合わなかったのだろうか。さらにこの特典映像には、銀座テレサの外観、観客で埋め尽くされたスタジオ内、酒井ディレクターらスタッフが陣取る副調整室もほんの一瞬だが映し出される。映像がほぼ残っていない『ぎんざＮＯＷ！』を知る上で、きわめて貴重な資料である。

ABBA in Japan

"ABBA IN JAPAN CONSTITUTES A UNIQUE TIME-TRAVEL PIECE FROM A DIFFERENT ERA"

visited Japan in person. A detailed 10-day campaign in Tokyo had been worked out, jam-packed with strategic television appearances and plenty of interviews with other media, not to mention a press conference at the Swedish Embassy attended by 300 media representatives. "I've seen our itinerary and there is no room at all for any time off," said Agnetha shortly before the trip. "We'll be doing TV, TV and more TV, plus some radio!"

The high-point of the Japanese effort, naturally, was the 50-minute television special featured on this DVD. Filmed on November 26, the special featured a sort of "greatest hits" of ABBA's recorded output thus far – from 'Waterloo' up to 'Take A Chance On Me' – plus selected album tracks and, of course, their current single, 'Summer Night City'. There was also an exclusive preview of a track from the upcoming Voulez-Vous album – in fact, it was the first

10　　ABBA appearing in Ginza Now, one of the TV programmes featuring the group during the 1978 trip to Japan.

リハーサル中のABBAと司会のCOPPE（右端）。本番では、オリコンの小池聡行社長も交えて、ABBA来日記念のディスコダンス大会や彼らが故国スウェーデンに作ったスタジオの模様なども紹介された（DVD『ABBA in Japan ／日本上陸』封入の解説書より）。

コラム

銀座テレサが産んだ「テレビ界のゲリラ」たち①

今はなきスタジオ「銀座テレサ」では、『ぎんざNOW!』のほかにも数多くのテレビ番組が作られたが、その大半はTBSの銀座分室の手になるものである。

その中で最古の『ぎんざナイト・ナイト』は平日深夜の生番組で、スタッフの多くは、同時に始まった『ぎんざNOW!』とかけ持ちだった。司会は曜日ごとに俳優の黒沢良、二瓶正也、ラジオDJの土居まさる、演芸人の小野ヤスシ、桂小益、弁護士の円山雅也らが担当。人気絶頂だった裏番組の日本テレビ『11PM』の打倒を目指し、エロスから時事ネタまで硬軟とりまぜた企画で毎晩、世の男性たちを楽しませた。

制作の先頭に立ったのが入社14年目の敏腕ディレクター、鴨下信一である。「〈オール東京パンティーアングル〉は、盗撮に最適な場所を視聴者に教えるというもので（笑）、今ならお縄になっちゃう企画だな。〈裸のインタビュー〉もおかしかった。全裸の女の子が、男の作家や文化人から話を聞くんだけど、スケベな話題は一切禁止。俳人が出れば、季題の話を彼女とするわけ。ゲストの有名人が目のやり場に困る姿を撮って喜ぶという、実に悪趣味な企画でしたね」（洋泉社『モーレツ！アナーキーテレビ伝説』より。聞き手は筆者）。また夜の街・銀座にちなんだ、地の利を生かした企画もよく放送された。それが「銀座ホステス大音楽祭」「クラブ対抗制服ホステス歌合戦」などで、店の宣伝も兼ねて出演した、美しき夜の蝶たちが色香を振りまいた。

途中からプロデューサーとして参加した青柳脩によると、女性ダンサーが踊りながら1枚ずつ服を脱ぐ、いわゆるストリップも番組の名物だったそうだ。「踊り子さんが乳首を隠すために貼る小さな紙を、ぼくも銀座テレサのせまい楽屋で作りましたよ。ハサミで1枚ずつ切ってね」。新人の演出助手だった高木鉄平にも、忘れられない思い出がある。「本番前に、ダンサーのパンティーに五円玉を糸で縫いつけたんですよ。〈ご縁のあるパンティー〉とか言って（笑）」。スタッフは立場に関係なく、何でも自分たちでやらざるをえなかった。銀座分室の人員が極端に少なかったからである。

だが彼らの奮闘もむなしく、当初は視聴率が伸び悩んだ。そこで室長の引田惣彌はある手を打った。新聞のテレビ欄を工夫し、サブタイトルに「少女」の二文字を入れてみた。すると、なんと視聴率が少し上がったのである。たとえば72年のクリスマスの生放送では「売春！マッサージの少女」という見出しを付けたが、当時は見たい番組を選ぶにあたって一番頼りにしたのが新聞のテレビ欄だったので、こうした作戦が有効だったのだ。（216ページへ続く）

第5章

日本のロックバンドが続々と出演

元祖不良バンド！　矢沢永吉率いるキャロルがレギュラー出演

70年代の日本では、欧米で生まれた「ロック」という音楽がまだ根づいておらず、新人バンドがテレビ出演することも難しかった。そんな時代にあって『ぎんざNOW！』は日本の新人バンドたちに出演の機会を与え続けたが、その中でも不良派の代表が四人組のキャロルである。たまたま『ぎんざNOW！』で初めて目撃した彼らの姿は、良い意味で違和感があった。メンバー全員が髪はリーゼントで、上着もパンツも体にぴったりと密着した黒革のもの。言ってみれば彼らは「遅れて現れたロックンローラー」だったのだが、そのころの若者は長髪にジーンズが当たり前だったから、彼らの外見が余計に際立って見えたのだ。

バンド結成は72年の夏。今もソロ歌手として独自の道を突き進む矢沢永吉[*1]が率いたバンドで、のちに俳優業にも乗り出したジョニー大倉が、矢沢と共にヴォーカルを担当した。当時は新人の吉田拓郎、あがた森魚らがヒット曲を世に送り、彼らのような自作自演のフォーク歌手が脚光を浴びていたが、彼らはテレビ出演を拒み、観客の前で歌うことで支持者を増やす道を選んだ。

だが矢沢は、無名の存在だったキャロルを世間に知らしめるには、テレビ出演がもっと

＊1　49年生。75年にソロデビューし、3年後にCMソング「時間よ止まれ」と自叙伝『成りあがり』が大ヒット。

も手っとり早いと考えた。「俺はね、四畳半でいつまでもぐだぐだしてなぐさめあってるフォークって大嫌いなんだ。テレビに出たっていいじゃない。金が入らなきゃ、いい楽器だって買えないし、練習場所だって借りられない。練習できなきゃ一般大衆にアッピールできないじゃない」（『ニューミュージックマガジン』73年1月号）。幼いころから貧しさに耐え、肉体労働で日銭を稼いだ苦労人の矢沢らしい発言だが、その言葉通り、彼はフジテレビの若者向け情報番組『リブ・ヤング！』[*2]に半ば強引に自分たちを売りこみ、初のテレビ出演を果たしたのである。

キャロルの初アルバム『ルイジアナ』（1973年3月発売）。A面は彼らのオリジナル曲でB面は洋楽カヴァー。

　この生放送が、キャロルの運命を劇的に変えた。彼らの演奏を放送で見た業界人たちの心をわしづかみにし、歌手で音楽プロデューサーのミッキー・カーチス[*3]がすかさず彼らに接触して、レコード発売の契約を取り付けたのだ。バンド結成から、わずか3ケ月後のことである。さらに写真家の篠山紀信、映像ディレクターの龍村仁

＊2　72～75年放送。海外ミュージシャンではマーク・ボラン、カーリー・サイモンらが生出演。愛川欽也ほか司会。

＊3　キャロルと同時期に、外道の初アルバムを制作。こちらも不良性の高いロックバンドだった。

（当時NHK）や佐藤輝（当時テレビマンユニオン）らがそれぞれキャロルを扱った作品を発表し、マンガ家の赤塚不二夫が私設応援団の団長を買って出たりした。

彼らが『ぎんざNOW！』の木曜日に毎週のように出演したのは、73年の初めから翌年にかけてである。番組の総合プロデューサーだった青柳脩によると、「ミッキー（・カーチス）や中井（國二）くんから売りこみがあった。キャロルを見た瞬間、その不良っぽさのとりこになり、すぐに出演を決めた」という。中井は、渡辺プロ時代に沢田研二のいたザ・タイガースを人気者に育てた敏腕マネージャーで、退社後はフリーの立場で、ガロやキャロルの売り出しに注力した人物だ。青柳にはTBSに入社以来、一貫して音楽番組を作ってきた実績があり、芸能界に信頼できる仕事仲間が数多くいた。ミッキー・カーチスも中井國二も、その中に含まれていたのである。

楽屋に立ちこめた、髪につけたポマードの匂い

総合司会のせんだみつおによると、放送前にせまい楽屋に入ると、キャロルが来ていることがすぐにわかったらしい。彼らの代名詞であるリーゼントの髪形を作るために大量に塗った、ポマードの香りが室内に充満していたからだ。また本番の前に、スタッフが陣取る副調整室へ続くせまい階段に、メンバーが座っていたこともあった。スタジオに来たプ

ロデューサーの青柳は、彼らに「おはよう」と声をかけた時の反応が今も忘れられない。「ぼくの方がかなり年上なのに、みんなが「オッスー!」って返事をしたんですよ。その言い方が乱暴で怖かったけど、すぐに礼儀正しい連中だとわかりました」。礼儀正しいといえば、彼らは演奏が1曲終わるたびに、ザ・ビートルズがそうだったように必ずメンバーそろって観客に深々と一礼した。暴走族のファンも多かったキャロルだが、リーゼントに黒の皮ジャンといった大人に反抗する「不良」のイメージは、彼ら自身があえて強調した部分もあったのだろう。

番組の司会陣に加わったばかりだった水野三紀にとっても、キャロルとの出会いは衝撃的だった。「私が彼らと番組でいっしょになったのは一度きりですが、本番ぎりぎり、おそらく数分前に、全員が黒の皮ジャンで楽器を手に持って、駆けるようにスタジオに現れました。直後に少しだけ段取りを打ち合わせたように見えましたが、そのまま一気にオープニングに突入しました」。演奏したのは代表曲の「ファンキー・モンキー・ベイビー」である。「スタジオ中が息を呑んで見つめるようなオーラを、彼らは発していましたよ。演奏の前にメンバーが何かしゃべったかどうかは覚えていませんが、1曲だけ演奏して、あっという間に嵐のように去って行きました」。彼女はその後も、テレビの仕事で国内外のバンドと数多く共演したが、キャロルほど存在感があるバンドに出会うことはなかった。

構成担当の宮下康仁は、初対面の矢沢がつばを飛ばしながら熱く語ったひと言に、意表をつかれた。「オレの夢はね、キャロルが売れてベンツを買うことなんですよって言ったんです」。宮下は名もなき若者のたわごとと鼻で笑ったが、すぐに矢沢はその夢を実現してしまった。矢沢は野心にあふれた有言実行の人であり、望みをかなえるためなら努力を惜しまない、行動の人でもあったのだ。

キャロルの歌と演奏にはいつも見る者を圧倒する熱量があり、テレビ画面越しにやけどしそうだった。特にベースを弾いた矢沢はいつも口をとがらせ、あごを上げながら叫ぶように歌い、間奏になると前かがみになって、尻を軽快に振った。演奏だけでなく「見た目」のかっこ良さにも気を配っていたのだ。大半の曲は、彼らが愛した初期のザ・ビートルズのような8ビートのロックンロールだが、たまに聴かせるバラードも格別だった。少しかすれて力強い矢沢の歌声と、甘くて繊細なジョニーの歌声が重なって、見事な調和を見せたのである。さらにキャロルの代名詞となった、英語と日本語が混ざった巻き舌ぎみの歌い方も新鮮に響いた。その歌詞は主にジョニーが創作したもので、その後のロックバンドに多大なる影響を及ぼした。

また矢沢は番組に出るたびに、新しく発売するレコードなどを放送中に宣伝する役目も果たしたが、いつも照れることなく、むしろその言葉には自信がみなぎっていた。それから共演者と観客が一緒に行なうゲームの時に、その背後で彼らが演奏することもあった。その場を盛り上げるだけの完全な脇役である。それなのに手抜きをせずに演奏していた姿が、今も鮮烈によみがえる。また矢沢にはサービス精神としゃれっ気があり、ほかの番組に出た際には、持ち唄を浪曲風にこぶしを回して歌ったこともある。

キャロルは若者に支持されたが、同時にコンサート中に観客が暴れるなどの事件が起きるようになり、彼らに会場を貸さない自治体も現れた。バンド解散は75年4月で、日比谷野外音楽堂で開かれた最後のライブの模様は、『ぎんざNOW!』の特別編として同年7月に放送された。中継演出は佐藤輝雄（現・佐藤輝）[*4]で、TBS側のプロデューサーは銀座分室の小谷章だが、03年に発売されたDVD版は、旧作としては異例の7万枚を売り上げ、キャロルの人気の高さを証明した。

積極的にテレビ出演したキャロルだが、『ぎんざNOW!』には判明しているだけで16回登場[*5]するなど、とりわけ力を入れた番組となった。だが、全国に放送される夜7〜10時のゴールデンタイムの音楽番組からは、ついに声がかからなかった。このことについて矢沢は、バンドの解散が決まったころに、雑誌『宝島』75年1月号で不満をぶちまけている。「ひとつには、芸能界のシステム自体に問題がありすぎると思う。（中略）テレビの歌番組をとってみても、同じ人物しか登場してこない。それを、あきもせずに制作しているヤツらに問題があると思う」。さらに、怒りの矛先はレコードの売り上げだけでその歌手やバンドの人気を測るマスコミに向けられ、「1週間に1回だけでいい。全国ネットでオレたちだけの番組を作ってくれてもいいのじゃないか」と本音を吐いた。

＊4　48年生。70年代にテレビ東京で『私がつくった番組』『私…』などを演出。ミュージックビデオの黎明期に尾崎豊などを手がけ、その独創的な映像感覚が注目された。

＊5　出演の日付けは73年が4月2日、5月10日、6月7、14日、7月12、19、26日、8月2、9、23、30日、9月6、27日、10月18日、11月15日、74年が1月24日。

キャロルの曲で一番売れたシングル盤は「ファンキー・モンキー・ベイビー」の8万3千枚で、オリコンのヒットチャートでもっとも上位に駆け上がったのが「夏の終り」の49位。曲がもっと売れたら状況は変わっただろうが、大勢の若者に衝撃を与えたキャロルも、テレビ界の常識を打ち破ることはできなかった。やはり日本ではロックは「売れない音楽」であり、大衆を魅了することは難しいのだろうか。だが直後に、あるロックバンドがその分厚い壁に初めて風穴を開けた。宇崎竜童が率いたダウン・タウン・ブギウギ・バンドである。

『紅白』出演！　ダウン・タウン・ブギウギ・バンドの快進撃

ダウン・タウン・ブギウギ・バンドは73年結成の四人組で、『ぎんざNOW！』には、75年1月から6月まで水曜日に毎週出演している。メンバーの髪型は全員リーゼントで、歌とギターの宇崎はいつもミラーのサングラスをかけているなど、見るからに不良然としたいで立ちだが、メンバー全員が工員の作業着である白いツナギを着ているのが新鮮に映った。彼らが番組に出演するにあたって、青柳プロデューサーによると、「知人の鈴木さんから売りこみがあった」という。「鈴木」とはダウン・タウンが所属した音楽事務所の鈴木恒雄社長で、リーダーの宇崎竜童[*6]は経営陣の一員でもあった。社名はサンシャイン・

*6　46年生。バンド活動と並行して、山口百恵、高田みづえらに楽曲を提供。

軽快な「スモーキン・ブギ」は1974年12月発売。作曲はリーダーの宇崎竜童で、作詞はベースの新井武士。

ミュージックという。「社員」が鈴木、宇崎を含め「三」人しかいなかったからである。

司会のせんだみつおは、ダウン・タウンが『ぎんざNOW!』に出演した際、マネージャーから、曲を紹介する時にバンド名を2回は言ってほしいと頼まれた。彼らは売れない時期が長く、バンド結成の直後にテレビ東京の『音楽の館』[*7]に毎週出演したのに、知名度を上げる好機を逃したこともあり、自分たちの名を売ることに懸命だったのだ。また出演当日は午後3時ごろからリハーサルが始まったが、私服姿のダウン・タウンはいつも手抜きをせずに歌い、演奏した。そのせいで全身汗だくとなり、本番に備えて楽屋でツナギに着替える際には、ドライヤーの風を肌に当てて熱を冷ましたそうだ。

努力の甲斐あって、レギュラー出演が始まった直後に「スモーキン・ブギ」が大ヒット。オリコンのヒットチャートは4位まで急上昇し、フジテレビの人気歌謡番組『夜のヒットスタジオ』への初出

＊7　73年4～9月放送。日本のロックバンドも時々スタジオで演奏を披露。顔ぶれはキャロル、カルメン・マキ&OZ、ウォッカコリンズ、モップスなど。

演を果たした。この軽快なロックンロールは『ぎんざＮＯＷ！』でも毎週歌われたが、「クソして一服」という歌詞が下品すぎると、放送中に抗議の電話が多数かかってきた。そのころ中学生だった私も、学校の休み時間に友人とふざけてこの曲を歌っていたら、担任教師に叱られた。「そんな歌は歌うな。タバコを勧める歌なんだから」と。良識ある大人たちが嫌う一方、10代に強く支持された曲だったわけである。

ところがリーダーの宇崎は、自分たちが売れたという実感がすぐには持てなかった。『ぎんざＮＯＷ！』への出演が「夕方の6時に終わり、急いで次の仕事へ行く。けばけばしい提灯が、ピャッピャッピャッとあって、あちこちにカウンターがある。ステージの高さ、約10センチ。府中のコンパ。レギュラー出演」（著書『俺たちゃとことん』より）。銀座テレサで観客を熱狂させた直後に、彼らは酔客を相手に場末のクラブで歌わなくてはいけなかった。売れる前に契約した仕事だから仕方ないが、そこで「スモーキン・ブギ」を歌うたびに客が騒いだ。「歌いだすと「真似すんな！」。掛け声が飛ぶ。「見たことあるカッコだぞ！兄ちゃんたち！」。笑い声。本物だと思ってないわけよ。さっきまでテレビに出てたのが、府中のコンパで演ってるわけがない」（前掲書より）。自分たちが急激に売れてしまったことに対する、宇崎の戸惑いが感じられる逸話である。また彼らはまだ月給が安く、青柳プロデューサーが放送後に彼らをレストランに連れて行ってステーキをごちそうしたら、とても感激していたという。

水曜日の担当ディレクターだった佐藤木生（当時ホリ企画制作）は、ダウン・タウンの演奏技術の高さに驚かされた。「彼らに番組の最後に歌ってもらった時に、ぼくらスタッフの進行が悪くて、残り時間が少なくなってしまった。すると、そのことを聞いたダウン・タウンは、いつもより早いテンポで演奏して、放送時間内に最後まで歌い切ったんですよ。あれは見事でしたね」。ダウン・タウンはみんなまだ20代だったが、実は無名時代に米軍基地や地方のホテルで連日演奏する、いわゆる「営業」の仕事を数多くこなした苦労人である。客からリクエストがあれば、演歌も軍歌も歌った。そうした生活の中でごく自然に身につけた演奏技術は、彼らにとって強力な武器だったのだ。

「スモーキン・ブギ」の4ケ月後に発売した新曲「港のヨーコ・ヨコハマ・ヨコスカ」[*8]はさらに売れ、オリコンのヒットチャートで1位に輝いた。さらに年末のNHK『紅白歌合戦』にも選ばれ、大舞台で「港のヨーコ～」を熱唱した。かくしてダウン・タウンは、商業的に初めて成功した日本のロックバンドとなった。その後、彼らが開いた扉から多くのバンドが芸能界に飛びこんだが、ダウン・タウンが成功をつかむ上で大きく貢献したのが『ぎんざNOW!』だったのである。

おそらくリーダー宇崎竜童は、番組に対して感謝の念を持っていたのだろう。レギュラー出演が終わってからもしばしば出演し、自身が名付けた自作の「カタカナ演歌」の数々を、ロックの激しいビートに乗せて歌った。それから彼らが出演した水曜日を担当したホ

＊8　宇崎の語りで進行する異色曲。妻の阿木燿子による歌詞も話題に。

リ企画制作が作り、75年12月に公開された映画『裸足のブルージン』[*9]にゲスト出演しているが、これも番組が結んだ縁から実現したものだろう。

本番当日に番組スタッフともめた、舘ひろしがいたクールス

俳優になる前の舘ひろしがリーダーを務めたクールス[*10]も、デビュー直後に3ケ月間ほど番組に出演し、デビュー曲の「紫のハイウェー」を毎週歌った。75年秋のことである。原宿の暴走族から誕生したクールスは74年末に結成され、キャロルのメンバーと親しかったことから、彼らの解散ライブで警護役を務めるなど、レコードを出す前から一部で話題になっていた。リーゼントの髪にGジャンで身を包み、人前では決して笑わない。彼らもまた、触ると血が出る鋭いナイフのような不良っぽさを、全身から漂わせていた。

素人時代の彼らにいち早く注目し、売り出しを請け負ったのが上条英男[*11]である。彼は小山ルミ、五十嵐淳子、西城秀樹、浅田美代子、安西マリアらを発掘し、売れっ子タレントに育て上げた人物で、青柳プロデューサーとは昔から交流があった。また74年には『ぎんざNOW!』の舞台版を企画し、都内有楽町の日本劇場にて『NOWオンステージ』と題した音楽ショーを上演したこともある。クールスの出演も上条が青柳に声をかけて実現したもので、青柳は「彼らがバイクに乗って爆走する姿を見たらカッコ良く、すぐに出演を

*9　和田アキ子主演の青春映画。ダウン・タウンは測量班の役で特別出演。

*10　結成時に在籍した岩城滉一は俳優の道へ。またのちに参加した横山剣は、クレイジーケンバンドを率いて活動中。

*11　41年生。その後はスロッグ、セーラ・ローエル、川島なお美などをスカウト。著書は『ケンカ説法』『くたばれ芸能界』ほか。

決めた」そうである。

のちにベース担当の大久保喜市が書いた私小説『ストレンジブルー』によると、初めて番組に出演した際にリハーサルでギタリストが音を鳴らしたら、音声係に「うるせー！音だすな」と怒鳴られ、ひと悶着あったらしい。テレビ出演に馴れていない新人バンドだからやむを得ない話だが、担当ディレクターの高木鉄平（当時日音）にその時の様子を尋ねた。「ぼくの知る限り、もめごとはなかった。なにしろぼくがクールスと知り合ったのは、カメラ助手で参加したキャロルの解散ライブで、彼らが『ぎんざＮＯＷ！』に出るかなり前のこと。以来、一緒に酒を飲んだり、皮ジャンをもらったりする仲でしたから」。2年後に舘ひろしはバンドを脱退して俳優業を始めたが、その後も何度かのメンバー交代を経て、クールスは今も活動中である。

ツッパリ上等！「武道館、満杯！」と宣言した横浜銀蝿

「不良」という呼び名はその後「ツッパリ」に変わったが、この言葉を広める上で大きな役割を果たしたのが横浜銀蝿[*12]で、彼らの初ヒット曲も「ツッパリＨｉｇｈ Ｓｃｈｏｏｌ Ｒｏｃｋ'ｎ Ｒｏｌｌ（登校編）」という題名だった。高木鉄平ディレクターによると、80年のレコードデビュー前に、彼らも『ぎんざＮＯＷ』に出たという。記憶の糸をたぐると、

＊12　83年に解散したが15年後に再始動。また「銀蝿ファミリー」として嶋大輔、岩井小百合らもレコードデビューした。

素人バンドによるコンテストに、メンバー全員がキラキラと光る中国服のような衣装を着て出演したはずである。「ぼくは特にリーダーの嵐《ラン》と仲が良かったんですが、彼が生本番中に突然、カメラに向かって自分たちの野望を宣言したんですよ。シングル1位！　ＬＰ1位！　武道館満杯！　って。あとで「よく言ったな」とほめたけど、当時の彼らは無名の素人バンド。そんなことできるわけないだろと思っていたら、のちにすべて実現してしまった」（高木）。彼らもキャロル時代の矢沢永吉と同じく、あえて人前で夢を語り、夢を実現すると断言することで、自らを奮い立たせていたのである。

　横浜銀蝿が所属したユタカプロの創業社長は、20代のころに無名だった歌手の美川憲一を発掘した大坂英之[*13]である。『ぎんざＮＯＷ！』とは縁が深く、ユタカプロ第1号タレントのフレンズが、番組が始まってしばらく毎週出演していた。その大坂が横浜銀蝿との日々を記した著書『ツッパルなら勝て！』によると、彼らは大手のレコード会社や芸能事務所が主催するオーディションに、なんと37回連続で落ちている。しかもリーダーの嵐ヨシユキによれば、負けを味わった中には『ぎんざＮＯＷ！』のバンドコンテストも含まれていた。「決勝戦まで残ったけど、ゼロとショットガンがプロになってオレたちはダメだった」（前掲書より）。この時メンバー全員が落ちこんだが、社長の大坂は彼らを叱り飛ばした。ゼロもショットガンもどうでもいい。もっと大きな目標を作れと、奮起を促したのである。いつも自信満々でふてぶてしく、強気に見えた横浜銀蝿も、元をたどれば「落ち

＊13　37年生。数々の職業を経て、タレント事務所の金谷プロに入社。しばらくして芸能界から退くが、60年代末にモーニングプロ（のちのユタカプロ）を設立。03年没。

こぼれのバンド」であり、挫折と悔しさをバネにして、どん底から這い上がった若者たちだったのだ。

ほかにもこの番組は、不良っぽさを強烈に感じさせるロックンロール・バンドを次々に世間に紹介している。チェリーボーイズ、メイベリン、レッドショック、ガールズ、デビル、ロックスなどである。彼らがしばしば出演の機会をもらえたのは、不良に魅了された青柳プロデューサーの好みを反映した結果だが、学校や家庭に居場所のない10代が彼らを応援したことも追い風になった。『ぎんざＮＯＷ！』は、世間と折り合いをつけるのが下手な若者たちからも愛された番組だったのである。

サザンオールスターズが『ぎんざＮＯＷ！』でテレビ初出演

日本で「ロック」という舶来の音楽が市民権を得る前から、この番組は新人のロックバンドに門戸を広く開いてきた。たとえば今も活動中のサザンオールスターズもその一つで、彼らのテレビ初出演は『ぎんざＮＯＷ！』である。日付は78年6月27日。デビュー曲の「勝手にシンドバッド」[*14]がレコード発売された、わずか2日後だった。

その「勝手に〜」を演奏する彼らに私が初めて遭遇したのも、この番組である。サンバ風の熱いリズムに乗せて、ヴォーカルの桑田佳祐が吐き出す言葉の数々。そこには意味を

＊14　リーダーの桑田佳祐が書いた「胸騒ぎの腰つき」ほかの独創的な歌詞が、一部の識者から「日本語を乱す」と批判された。

「勝手にシンドバッド」。曲名は沢田研二の「勝手にしやがれ」とピンク・レディーの「渚のシンドバッド」を合体したもの。

探ることを拒むような猥雑さ、語呂合わせの楽しさがあり、日本語を英語っぽく発音するところは、矢沢永吉がいたキャロルを思わせた。直後に都内のライブハウスへ出かけて彼らの演奏を初体験したが、桑田は1曲終わるたびに冗談を飛ばし、場内は笑いに包まれた。さらに長島茂雄の声まね、エルヴィス・プレスリーの形態模写まで披露するなど、芸人も顔負けのサービス精神で楽しませた。なんでも桑田は少年時代から人を笑わせることが得意で、級友たちから「よっ！　せんだみつお！」とからかわれたそうだ。その顔つきや、下ネタが大好きでいつも騒々しいところが、せんだに似ていたからである。その桑田のテレビ初出演が、せんだ司会の『ぎんざＮＯＷ！』だったというのは、偶然とはいえ不思議な縁を感じてしまう。

高校に入ってバンド活動を始めた桑田は、大学時代にサザンオールスターズを結成し、しばらくするとレコード会社と契約。『ぎんざＮＯＷ！』への出演が決まると、友人たちに電話をかけまくって放送を見るように頼みこみ、本番当日には、声をかけた多くの後輩たちがスタジオに駆けつけた。そして、ついに演奏が始まった。「俺たち、けっこう萎縮してんのにさ、後輩たち、カメラの前でこーんなんなって、Vサイン出してんだから、恥ずかしいじゃない。レインコート着ちゃった学生がバインダー持っちゃって、こんなんなって」（著書『ロックの子』より）。彼らの晴れ姿をテレビで見ていた友人の一人は、放送後にくたびれてしまった。「あの時、カメラがいろいろ切りかわるでしょ？　と、桑田も一緒になって向きを変えるの。画面に映るのは、だから桑田の正面の顔ばかり。あいつ、あっち向いたりこっち向いたりでさ。見てる方が疲れちゃったよ」（前掲書より）。絶えず視線をカメラの方に送ったのは、故意か偶然か。桑田の持って生まれた目立ちたがり精神の成せるわざ、という気もするのだが。

「勝手に～」は出足こそ悪かったが売り上げを伸ばし、オリコンのヒットチャートで3位まで上昇。その後も「いとしのエリー」ほかヒット曲を次々に放って、その地位を不動のものとしていく。それは日本のロックバンドには珍しく積極的にテレビで歌ったり、コミックバンドと誤解されて、時にはバラエティー番組でコントまで演じさせられた苦労が実を結んだわけだが、桑田はサザンが売れるにつれて、テレビへの不信感を募らせた。「要するにテレビ局なんて、音楽の扱いかたに関しては全然進歩してないからさ。いつか良くなるだろうと思って俺達は出てるんだけど。音楽のとらえ方も、もっといろんな方面からの切り口がないとね」（著書『ブルー・ノート・スケール』より）。この時代にテレビに出演した日本のロックバンドの多くは、桑田と同じような不満を抱いた。一方、テレビ業界には、番組でロックを取り上げても視聴率は取れないという現実が依然としてあった。しかし、少なくとも『ぎんざNOW!』で初めて演奏した際の桑田は、すごく気分が高ぶっていたはずである。少年時代から憧れてきたテレビに初めて出演し、歌うことができたのだから。

サザンのほかにも70年代を代表するロック系のバンドやシンガーが、番組で熱い演奏と歌を聴かせてくれた。RCサクセション、ファニーカンパニー、クリエイション、BOWWOW、四人囃子、世良公則&ツイスト、ゴダイゴ、コンディション・グリーン、桑名正博(元ファニーカンパニー)、カルメン・マキ、元外道の加納秀人などである。

またギタリストのChar[*15]は、水曜日のレギュラーとして77年6月から1年間ほど出演している。そのアイドルも顔負けの愛くるしいルックスが女の子たちの心をとらえ、スタジオではいつも黄色い歓声が飛び交った。担当ディレクターは佐藤木生だった。「ロックのミュージシャンには不良のイメージがありましたが、Charには育ちの良さを感じましたね」。同じころに登場した原田真二、世良公則&ツイストと共にマスコミから「ロック御三家」と呼ばれ、歌謡番組やバラエティー番組の常連となった。だが、彼は芸能界で生きることに息苦しさを感じるようになり、ほどなくしておのれが理想とするギター道を究めるために、「脱芸能人」を宣言している。

それから珍しいところでは、今もファンが多い大瀧詠一がプロデュースした「ナイアガラ音頭」も、76年に布谷文夫によって番組内で歌われている。だがシングル盤は全く売れ

*15 本名・竹中尚人。55年生。10代半ばからスタジオ・ミュージシャンとして活動し、76年6月に「ネイビーブルー」でソロデビュー。

なかったので、彼がこの曲をテレビで歌ったのは、この時がほぼ唯一だろう。

アルフィー、甲斐バンド、紫、憂歌団

日本のロックといえば、76年7月から翌年にかけて毎週火曜日に放送された「らいぶすぽっと4丁目」では、この番組としては異例の、1アーティストが毎回数曲を歌い演奏した。その顔ぶれはオレンジ・カウンティ・ブラザース、安全ばんど、近田春夫とハルヲフォン、鈴木慶一とムーンライダーズ[*16]、トランザム、小坂忠、桑名正博などである。その中で特に覚えているのがムーンライダーズで、彼らはクラシックの名曲「ウィリアム・テル序曲」を演奏。途中で水を口に含むやいなや、冗談音楽のスパイク・ジョーンズ風にうがいをしながら歌ったのである。生マジメに自分のロックを追究するバンドが多い中で、彼らのユーモア感覚は際立っていた。

同コーナーの担当ディレクターは、当時26歳だった高木鉄平である。「個人的に興味があった憂歌団と紫には、こちらから声をかけました。といっても出演交渉という改まった感じではなく、まずは一緒に酒を飲み、互いに分かり合えたところで出演をお願いしました」。憂歌団[*17]は関西で活動していたブルースバンドで、ハードロックの紫[*18]は、のちに本土進出がさかんになった沖縄出身バンドの先駆けである。「紫の場合は故郷のコザまで出向

＊16　前身ははちみつぱいで、76年に初アルバム『火の玉ボーイ』を発売。

＊17　75年にグループと同名のアルバムでデビューした四人組。

＊18　76年に初アルバム『紫』を発売。5年後に解散したが、のちに何度か復活。

き、彼らが経営するライブハウスで演奏を聴きましたが、客はほとんどが米兵でした。それからリーダーのジョージ紫さんの誘いで、米軍基地の中にも入りました」。テレビ出演はほぼ初体験の彼らバンドたちに対して、何か配慮したのか。「ミュージシャンは音にこだわりがあるから、生出演の当日はリハーサルの時間を少しでも多くあげたい。そこでふだんは午後3時ごろまでスタジオ内でやっているレストランに頼んで、閉店を早めてもらったこともありました」。スタジオにいつも置かれていた楽器はピアノだけなので、新人アイドルはカラオケで歌ったが、バンドの場合は、楽器やアンプを自らスタジオに持ちこむ必要があった。甲斐バンド[19]を率いた甲斐よしひろは、番組に出た際に制作スタッフから「30秒で楽器をセッティングして演奏しろ」と言われて、怒りを覚えたという。なによりも「音」を大切にしたい音楽家にとって、秒単位で時間に追い立てられるテレビの現場は、相容れない部分も多かったのだろう。その後、甲斐バンドはテレビ界から距離を置き、ライブ活動に力を入れることでファンを増やしていった。

それから今も現役のアルフィー[20]も、つらい目に遭っている。ギターの高見沢俊彦が書いた自伝本『あきらめない夢は終わらない』によると、彼らはプロデビューするにあたって、ライブハウスで地道に活動していきたいと考えた。「ところが現実はまるで違った。フォークグループだというのに、三人とも真っ白なスーツを着せられて」、しかもレギュラー出演した『ぎんざNOW!』では「演奏はカラオケで歌だけ生」だった。さて真相やいか

＊19　74年にレコードデビュー。「裏切りの街角」「HERO」などのヒットを生んだが86年に解散。

＊20　現・THE ALFEE。74年8月に「夏しぐれ」でデビュー。10年後に「恋人達のペイブメント」が初めてオリコン1位を獲得。

に？　高木ディレクターに再び尋ねた。「そういうことがあったかも知れない。というのも本番前のリハーサルは時間に限りがあるので、どうしても人気のあるバンドや歌手に、音合わせの時間をより多く割くことになる。アルフィーは売れる前だったので、所属事務所から了解をもらった上で「カラオケで」という話になったと思います」。アルフィーにとって『ぎんざNOW！』への出演は、いつも戸惑うことばかりだったのかも知れない。

しかも彼らは、銀座テレサのせまい楽屋で、共演した先輩に怒られたこともあった。日本語によるハードロックを追究するハリマオを率いた冨永正廣に、「フォークはあっちへ行け！」と追い払われたのだ。確かにアルフィーはアコースティックギターを弾き、歌い方も繊細だったから、フォークグループと思われてもやむを得ない部分もあった。音楽マスコミが「ロック対フォーク」の論争をあおっていた時代の話である。実はギターの高見沢はハードロックが大好きで、ハリマオでギターを弾いていた黒沢賢吾の自宅へ遊びに行き、彼が愛用するエレキギターの数々を見せてもらって感激したという。その後もアルフィーの苦節は続き、人気バンドにのし上がったのは10年も先のことだった。

素人バンドコンテストと、番組出演が学校にバレて髪を切った木根尚登

番組には、素人のロックバンドが歌と演奏で競うコーナーもあった。その一つが、毎回3組が出演した火曜日の「フォーク&ロックコンテスト」である。司会は吉村明宏と水野三紀（のちに吉村は、ミュージシャンの近田春夫と交代）で、ロック編とフォーク編を1週おきに放送した。審査員はミュージシャンのかまやつひろし、クリエイションのギタリスト竹田和夫、BOWWOWのギタリスト斉藤光浩、ハリマオのヴォーカル冨永正廣、サーフライダーズのヴォーカル植田芳暁といった実力派ミュージシャンで、ほかには銀座に本店を構える山野楽器の山野社長なども登場した。

出演した素人バンドの総数はおよそ170で、キリュウ、スムーズ、ジェイルス、ロッキンストリート、フリークアウト、タバラカス、毒蛾、シェリフといったバンドがしのぎを削った。その中には演奏がレコード会社の目に止まって、プロデビューしたバンドもいる。スピッツ[*21]（活動中の同名バンドとは別）、ジェニー[*22]、ショットガン[*23]、ZERO[*24]（元毒蛾）などである。デビュー曲は順に「青春はエンドレスロード」（CBSソニー・77年12月発売）、「明日への俺」（ビクター・77年11月発売）、「蒼ざめた夜」（CBSソニー・78年10月発売）、「セン

＊21　男性四名、女性一名のフォーク系グループ。

＊22　ロックンロールを得意とした四人組で、77年に初アルバム『アイ・ラブ・ジェニー』を発売したが間もなく解散。

＊23　博多で生まれた元サンハウスの浦田賢一が結成。アルバム4枚を出して81年に解散。

＊24　79年6月に、唯一のアルバム『アー・ユー・レディー？』を発売。解散後、ギターの鎌田ジョージは中村あゆみらをサポート。

チメンタル珊瑚礁《リーフ》」（エピックソニー・79年4月発売）だが、いずれのバンドも商業的には成功せず、短命に終わっている。なおジェニーは09年に、タバラカスは17年にそれぞれ再結成し、久しぶりにステージに立って古くからのファンを喜ばせた。

ショットガンを率いたドラムの浦田賢一によると、バンドがレコードを出すのは、恋人と結婚するための「近道」としか考えていなかった。また、バンドもレコード会社と所属事務所がほとんど作り上げたもので、しかもアイドルのような売り方をされたこともあって、ショットガンというバンドは「正直、好きでは無かった」と、のちに著書『ＲＯＬＬ』で告白している。そんな調子だから『ぎんざＮＯＷ！』に出ても「いつもふてくされて、うわの空」で（前掲書より）、スタジオで声援を送るのが10代の女の子ばかりだったことも、欧米の硬派なロックに憧れていた彼には耐えがたいものがあった。

またコーナー挑戦者の中には、のちに音楽業界に飛びこんだ学生もいた。その筆頭がのちに小室哲哉、宇都宮隆とＴＭネットワークを結成した、木根尚登[*25]である。彼は、高校時代に同級生の宇都宮隆と番組に出て自作の曲を歌ったが、直後にそのことが学校に知られて問題になった。そこで木根は自ら髪を「スポーツ刈りにして、反省していることを態度で示した。おかげでそれ以上のおとがめはなかった」（著書『電気じかけの予言者たち』より）。学生が担任教師に内緒でテレビ出演することは許されなかった時代の話だが、果たして最近はどうなのだろうか。

＊25　57年生。79年にバンド「スピードウェイ」でレコードデビュー。小説も多数執筆。

女子高校生五人からなるピルズのベース担当は、バンドの解散後ヴォーカリストに転向し、しばらくしてパーソンズ[*26]のジルとしてプロデビューを果たしている。彼女いわく『ぎんざNOW！』に出ることは「プロへの近道かなんて思ったけど、とにかく審査員が悪かった。ワイルドワンズの人とかいたから、とにかく言うことが古くさいんだ」（パーソンズ著『ドリーマーズ』より）。70年代半ばにエアロスミスを聞いてロックの魅力に目覚めたというジルだから、一世代上の審査員たちに彼女の感性が理解されなかったのも無理はない。なおバンド名のピルズは、パンクロックの祖とも言われるニューヨーク・ドールズの曲名から取られたもの。また番組で演奏した「オール・フォー・ザ・ラブ・オブ・ロックンロール」は、ニューヨークのCBGBsというライブハウスによく出演した、タフダーツという名も無きパンクバンドの曲。大人への反抗心が伝わってくるバンド名であり、選曲である。それからピルズが登場した際に、ジルの姉が出演の記念にテレビの画面をカメラで写したが、彼女の周りでは『ぎんざNOW！』の話題で持ちきりだったにちがいない。なおピルズの出演番号は165で、彼女たちが勝ち抜いた直後にコーナー自体が終わってしまったそうだ。

ロックンロールで魅了した素人時代のラッツ&スター

＊26　87年にメジャーデビューし、2年後に「ディア・フレンズ」がヒット。

数多い挑戦者の中でもっとも出世したのが、出演番号6番のシャネルズ、のちのラッツ&スターである。結成は75年9月で、明くる年に番組のバンドコンテストに初めて登場して、自作曲などを披露した。その風貌はリーゼントにサングラス、服装はスカジャンに、色鮮やかなノースリーブのTシャツというもの。十人組の大所帯で、ヴォーカルの四人が舞台の前面で歌い踊るという、元気はつらつとしたステージを得意とした。また目標とするバンドは、そのころ米国で受けていたロックンロールバンドのシャナナであると語っていた。それから司会者とのやりとりではみんな口が重く、無愛想だったが、緊張のせいだったのか、あえて自分たちを演出して見せていたのか。

そんな彼らの晴れ姿を、自宅のテレビで食い入るように見ていたのが桑野信義、18歳である。このトランペットを吹く青年は、シャネルズのメンバーとは幼いころからの遊び仲間であった。そして彼らの雄姿を『ぎんざＮＯＷ！』で見て刺激を受け、彼らの練習場に通っているうちに、そのままメンバーとして迎えられたのだった。

コンテストの司会を務めた近田春夫は、挑戦者の中で一番印象深いのが、そのシャネルズだと語る。「ギターの人がグループの中で一人だけ異質で、すごくシニカルな感じがした。彼らがプロデビューした時には、その人はもう脱退していたのが残念だったけど」。

その「ギターの人」はメンバーから「キャプテン」と呼ばれた小柄な青年で、「電話でキッス」というオリジナル曲を番組で披露した際には、間奏になると前へ進み出て歌い、ギターソロを弾いて存在感を示した。自ら剃り落としたのか両方の眉毛がなく、見た目は少し怖い。また演奏後に司会者から年齢を問われて「来年、七五三」ととぼけるなど、どこかつかみどころのない、不思議な雰囲気が漂う人物であった。名前は鹿島啓というらしい。76年の春に、番組内で素人バンドの人気投票が行なわれた。参加したのはシャネルズのほかにジェニー、ジェット[*27]、アンナ、ラム[*28]などがいたが、視聴者が1位に選んだのがシャネルズである。そのごほうびとして、彼らは渡辺プロが仕切った伝統の音楽ショー「日劇ウエスタンカーニバル[*29]」の舞台に立ち、さらに77年には、ヤマハ主催のバンドコンテスト「イーストウエスト[*30]」の第2回に出演して脚光を浴びた。また翌年の同大会には、個性をより強く押し出すために、ヴォーカル四人が顔を黒く塗って黒人歌手になりきって歌い、異彩を放った。彼らは、50年代に流行した「ドゥーワップ」と呼ばれる黒人コーラスの形式を深く愛していたのである。

素人時代からその音楽性が、大瀧詠一、山下達郎らオールディーズ好きのミュージシャンに注目されていた。四人いたヴォーカル陣の一人で、現在はソロ歌手として活動している鈴木雅之には、幼いころから流行嫌いな面があった。「オレたち、みんなが流行だっていうんでやってんの、大嫌いだったのね。流行追うのイモだと思ってたからさぁ。誰もやってないことをやってる優越感っていうのが、好きだったのね」。この発言が載ったシャネルズ唯一の著書『ラッツ&スター』は異色のタレント本で、驚くことに、全体の半分が

＊27　76年10月に「移り気な青春」でデビューした四人組。

＊28　博多出身の三人組で、75年に唯一のアルバム『ラムフライ』を発売。番組出演時は、レコード会社との契約が切れていたか。

＊29　58〜77年に毎年開催。ロカビリー、グループサウンズなどのブームを牽引。

＊30　ヤマハ主催で76年から10年間開催。素人時代のサザンオールスターズ、エレファントカシマシ、子供バンドらも出演。

「ランナウェイ」は1980年2月発売。作詞は音楽評論家の湯川れい子。

メンバーたちによる熱のこもったドゥーワップ講座で占められている。音楽の送り手であると同時に、幼いころから耳の肥えた音楽ファンでもあったところも、彼らの強みの一つだったのである。

78年にメンバーの交代があったものの、80年に満を持してプロデビューすると、初シングルの「ランナウェイ」がいきなりオリコン1位を記録した。だがヴォーカルの鈴木雅之を含めメンバー全員が、その後もしばらくはそれぞれが本業の仕事を続けるなど、結成当初から音楽活動はあくまでも「趣味」と考えていたらしい。『ぎんざNOW!』のバンドコンテストに挑んだのも、プロデビューへの足がかりをつかむためでなく、青春の良き思い出を作るためだったのかも知れない。

グループサウンズから派生したハリマオと「ヤング・イン・テレサ」

60年代後半の日本の音楽界では、グループサウンズ、通称GSが大ブームを起こした。欧米のロックに影響されて音楽を始めた青年たちが次々にバンドを作り、レコードを出したのだ。だが、彼らは全盛を誇っていた歌謡界に飲みこまれてしまい、その勢いはわずか

出演中のハリマオ。右端がギターの黒沢賢吾、その隣がヴォーカルのニャロメこと矢口栄。

2年で衰えたが、その後の音楽界に多大なる影響をもたらした。元メンバーが新たなロックバンドを組んだり、裏方として新人バンドの発掘やレコード制作に携わったのである。

GSから派生したバンドの筆頭が、二人の男性ヴォーカリストを擁したハリマオで、この六人組は元オックス[*31]の岩田裕二によって結成された。

『ぎんざNOW!』からは数々の楽曲が生まれたが、代表曲といえば、そのハリマオが歌った「ヤング・イン・テレサ」にとどめを刺す。

彼らは74年6月にレコードデビューする少し前から、毎週木曜日に出演した。そのきっかけをリーダーでヴォーカルの冨永正廣に尋ねると、「友人のヒロちゃんの勧めで、番組のオーディションを受けた」という。ヒロちゃんこと鈴木ヒロミツ[*32]は司会のせんだみつおの友人で、同番組に出演したり、せんだが初めて歌った「ダメな男のロック」のプロデューサーも務めるなど、仕事の上でも親しい間柄にあった。一方の冨永は、少年時代にザ・ローリング・ストーンズを聴いてロックの魅力に目覚めた。10代で故郷の高松から上京す

*31　68年に「ガール・フレンド」でデビュー。メンバーが演奏中に失神する過激なステージも話題に。71年解散。

*32　46年生。74年にモップス解散後はドラマ『夜明けの刑事』などに出演し、役者としても活躍。07年没。

ると、ジェット・ブラザーズ、ボルテイジ、カーニバルスといったバンドを渡り歩き、そのころモップスというGSのバンドで歌っていた鈴木と知り合った。つまり冨永と鈴木は、日本でロックが市民権を得る前からロックを歌ってきた、同志だったのである。

演奏中に一回転！「風車ギター」にびっくり

冨永は根っからの洋楽好きで、六人組のハリマオが生み出す音も欧米のロックの香りがした。「二人のヴォーカリストによるハーモニーはスリー・ドッグ・ナイトから学び、オルガンを取り入れたハードな演奏は、ユーライア・ヒープやディープ・パープルを手本にしました」。それから自分たちが使う楽器やアンプにも凝り、借金をしてまで海外製の機材を買い求め、本場のロックバンドに負けない音作りを目指した。『ぎんざNOW！』に出演する際にも、2階に

1975年3月発売の第2弾シングル「色あせた季節」。作詞は『ぎんざNOW！』構成の宮下康仁。

あるスタジオへ巨大なアンプを運び入れるために、毎回苦労しながらせまい階段を上り下りした。

ハリマオの生演奏を番組で見て、驚いたことがある。デビュー曲「棘《いばら》の朝がくる」の演奏中、ギターの黒沢賢吾が肩から下げたギターを、間奏になると勢いよく一回転させたのである。この「風車ギター」の仕掛けは、当人いわく自ら工夫したものだそうだ。「仕組みは単純で、針金1本でギターとぼくの体をつないだだけ。手でギターのネックを回すのはコツが必要で、失敗するとネックが顔に当たって痛かったですよ」。黒沢は主に米国のギブソン社が作ったSGというエレキギターを弾いたが、左右対称のギターの方が回転させた時にきれいに回るということもあって、このギターを選んだ。ハリマオの歌、演奏そして容姿は番組を見ていた10代の女の子たちを魅了し、その結果、3ケ月の出演予定が9ケ月に延びた。

では、番組の代名詞となった「ヤング・イン・テレサ」は、いかにして誕生したか。曲を書いた冨永に問うと、わずか15分で完成したという。「番組プロデューサーだった青柳脩さんの発案で、曜日ごとにテーマ曲を作ることになり、木曜日はハリマオが作ることになった。番組テーマなので、誰でも歌えるように、単純で明るいメロディを考えました」。「いつものところでいつものように／感じたハートをぶつけあう」で始まる歌詞は青春の輝きにあふれ、この曲はその後、何年にもわたって番組内で歌われた（作詞はドラム担当の堀内勉）。また、番組の放送5周年を記念して発売されたアルバム『ぎんざＮＯＷ！』（77年／ＣＢＳソニー）が作られる際に初めてスタジオ録音され[*33]、同アルバムとシングル盤に収められた。なお当初は「サーズ・イン・テレサ」という題名だった。この曲が木曜日のテーマ曲だったことから、英語で木曜を意味するＴＨＵＲＳＤＡＹを省略した、ＴＨＵＲＳ（サーズ）という単語が使われたのである。

ハリマオは、関係者たちから非常に期待されたバンドである。彼らが東芝ＥＭＩと契約した際に、同社が日本発売を請け負っていた米国の大手レーベルのリバティーレーベルの所属となり、海外進出も視野に入れていた。「初アルバムが売れて、オリコンの売り上げランキングの10位以内に入ったら、全米デビューさせてくれる約束だった。結局、目標を達成できず、その夢は実現できませんでしたが」（冨永）。また彼らは、欧米のロックバンドが日本で公演する際に、前座の演奏をしばしば任された。その顔ぶれはエリック・クラプトン、ジョン・レノン夫人のオノ・ヨーコ、スージー・クアトロ、タワー・オブ・パワー、グラディス・ナイト＆ザ・ピップスなどで、こうした有名アーティストの前座を務める幸運に恵まれたのは、「永島達司さんがぼくらを評価してくれ、後押ししてくれたから」（冨永）だ。永島は海外の音楽家を日本に呼んで公演を行なう「呼び屋」の先駆けで、特にザ・ビートルズの日本公演を実現、成功させたことで有名である。また彼は大洋音楽を興して楽曲の出版権を保有したが、そのほとんどを外国曲が占める中で、そこにはハリマ

＊33　録音にあたって2番3番を作り、木曜日の構成作家だった宮下康仁が作詞。

オの全ての楽曲が含まれていた。

観客から「帰れ！ 帰れ！」の大合唱

冨永も黒沢も、前座を務めた海外ミュージシャンで忘れられないのが、74年10月に行なわれたエリック・クラプトンの初来日公演だという。「その初日がたまたま木曜日で、『ぎんざNOW！』の出演が終わると、大あわてで日本武道館へ直行。開演まで時間がないから、リハーサルもせずにいきなり演奏ですよ」（冨永）。「ところがステージに出たとたん、一万人のお客さんから「帰れ！ 帰れ！」と言われて。あの時はびっくりしましたよ」（黒沢）。そのころ前座で出た日本のバンドは、必ずしも観客から歓迎されたわけではないが、エリック・クラプトンの場合は事情が異なった。なにしろ「世界三大ロックギタリスト」の一人として、絶大な人気を誇った人物である。武道館を埋めたファンたちは、一刻も早くクラプトンの演奏を聴きたい。そうして気分を高ぶらせる中へハリマオが登場したのだから、彼らがいくら素晴らしい演奏を繰り広げても、まともに聴いてもらえないのは無理もない話である。

『ぎんざNOW！』にレギュラー出演した歌手やバンドは、歌や演奏を聴かせるほかにやるべきことがあった。共演者との軽いおしゃべりや番組の進行である。ハリマオの黒沢はそのギターの腕前を買われて番組でギター講座を開いたが、放送中に恥ずかしい思いをした。「台本では、講座の最後で「ギターを磨くことも大切ですね」とぼくが言うことになっていた。ところが本番で舞い上がってセリフを忘れてしまい、見かねた司会者が代わりにそのセリフを言ってくれました」。若いミュージシャンやアイドルが失敗して、飾らない素顔を見せる。それも生放送ならではの楽しい瞬間であった。

ハリマオのほかにもGSから派生したバンドが番組にレギュラー出演し、女の子から歓声を浴びてアイドル的な存在となった。チャコとヘルスエンジェル[*34]、愛称チャコヘルは、かつて491《フォーナインエース》で歌い、のちに敏腕スカウトマンに転じた上条英男が作ったバンドで、彼がイケメンのチャコこと田中まさゆきに声をかけ、バンドのヴォーカリストとして売り出すために、そのほかのメンバーを集めた。その中には、のちにゴダイゴの結成に参加するギターの浅野孝已もいた。『ぎんざNOW!』の水曜日にレギュラー出演できたのは、おそらく上条が番組担当の青柳プロデューサーと親しかったからだろう。それから木曜日に出演したローズマリー[*35]は元オックスの福井利夫が作ったバンドで、ギターの東冬木は、のちに旧友のグッチ裕三とコミックバンドのビジーフォーを結成し、現在はモト冬樹の名前でタレントとしても活動中である。

*34　73年9月に「愛してる愛してない」でデビュー。アルバム3枚を出したのち75年に解散。

*35　前身はピープルで、73年8月に「あいつに気をつけろ」でデビュー。77年に自然消滅するが、07年に新メンバーで再始動。

洋楽志向のアイドルバンド、レイジー見参！

77年7月から毎週金曜日に出演した関西出身のレイジーも、ＧＳに深く関係したバンドだった。堺正章、井上順らがいた、元スパイダースのかまやつひろしに才能を見出されてプロになったのである。

その見た目は、お揃いの水兵のような白い衣装を身にまとい、いつでも笑顔を絶やさないなど、絵に描いたような「アイドル」だった。ところが、彼らも実は根っからの洋楽志向で、その名前も英国を代表するハードロックのバンド、ディープ・パープルの曲から取った。しかしアイドルバンドとして売られてしまったために、当初は悩みが尽きなかった。ギターの高崎晃によると、３枚目のアルバムまでは自分たちで作った曲は一つも入れてもらえなかったが、「それでも続けられたのは、バンドが売れれば好きなことがやれるんだ、と信じていたからだと思う。実際、事務所の社長からもそういう言葉で説得されていたしね」とのことである（著書『雷神』より）。

「燃えろロックン・ロール・ファイアー」。1978年5月発売の第4弾シングルで、作曲は歌謡界の都倉俊一。

果たしてレイジーは歌謡界の売れっ子作家の手に

なる曲を次々に歌わされたが、その憂さを晴らすように、ステージではお気に入りの洋楽曲を生き生きと演奏した。

演出の高木鉄平は、レイジーが番組で初めて海外の曲を演奏した時のことが忘れられない。「ある回の最後に彼らが自分たちの新曲を演奏した際、もう放送が終わったのに、スタジオに集まったファンのために、英語でドゥービー・ブラザーズの曲をやったんですよ。その演奏のうまいこと。それまでアイドルバンドだとばかり思っていたので、あの時は腰を抜かしましたね」。彼らはそのころ20歳前後で、幼いころから欧米のロックを思いきり吸収して育った最初の世代でもあった。

当時の音楽業界では、その勢いが衰えたとはいえまだまだ歌謡曲が強く、洋楽志向のロックバンドは辛抱を強いられた。それはハリマオも同じで、初アルバム『猛虎』[*36]を録音した際に、リーダーの冨永は頭を抱えてしまった。「ミキサーの人がそれまで歌謡曲の録音しか経験がなかったので、ロック特有のひずんだ音を嫌ってエコーをかけてしまい、どの曲ももやがかかったような音になってしまいました」。70年代の日本のロックバンドには、このように録音の際に持ち味を殺され、苦汁をなめた例が多い。ハリマオは2枚目にして最後となったアルバムを作った際に、題名を『イチかバチか』[*37]と付けた。そこにはやけっぱちな気分と、旧態依然とした音楽業界へのいら立ちが込められていたが、『ぎんざNOW！』は、レコード制作に不満を抱く日本のロックバンドが、テレビの世界で自分たち本

＊36　74年8月発売で全てオリジナル曲。制作は、モップスやダウン・タウン・ブギウギ・バンドを手がけた平形忠司。作詞のおおはらゆたか（大原豊）は映画の助監督で、84年に『ヨーロッパ特急』を撮った。

＊37　75年9月発売で、本作も平形がプロデュース。作詞に島武実、杉山政美、山口あかりが新参加。

来の音を思う存分に聴かせることができる貴重な場でもあったのだ。

レイジーは81年に解散したが、ギターの高崎晃は、その後ラウドネスを結成して理想のハードロックを追い求め、海外でも高く評価された。また17年には主要メンバーが再び集まって新曲を発売し、往年のファンたちから拍手を浴びた。77年にメンバーを大幅に入れ替えたハリマオは、05年に冨永、黒沢を中心に再始動。以来、都内で単独ライブを開くなど、今も熱きロック魂を燃やし続けている。もちろんステージでは必ず「ヤング・イン・テレサ」を歌い、客席も大いに盛り上がる定番曲となっている。

楽しさと毒を併せ持った近田春夫とハルヲフォン

少年時代にグループサウンズに憧れた青年たちが、自らロックバンドを作る例もあった。その筆頭にあげたいのが、近田春夫とハルヲフォン[*38]という四人組である。

その彼らを初めて目撃したのも『ぎんざNOW!』だが、そのロックバンドとは思えない外見に、まず目が釘づけになった。歌とキーボードを担当する小柄な近田春夫はオカッパ頭で、ほかのメンバーたちとお揃いの、アイドル然としたキラキラした衣装を着ていたのだ。さらに演奏を始めれば所せましと走り回り、時々メンバーたちと客席へ決めポーズを見せる。その振る舞いは底抜けに陽気で楽しかったが、演奏に耳を澄ますと確かな演奏

＊38　75年に「ファンキー・ダッコNo.1」でデビュー。近田は17年に、元メンバーの恒田義見、高木英一と新バンド「活躍中」を結成。

近田春夫（一番上）とハルヲフォン（『ミュージック・ステディ』1983年3月号より）

力がある。しかも、60年代の欧米のビートグループやその影響を受けた日本のグループサウンズが持っていた、思わず体が動いてしまうノリの良さもあった。また彼らは、ライブハウスで演奏するたびにグループサウンズのメドレーをやるなど、ＧＳへの深い愛を自分流の方法で表現していた。

そのハルヲフォンは、初アルバム『カム・オン・レッツゴー』を発売した76年6月から毎週火曜日に出演し、自作曲の「黄色い太陽」などを演奏した。リーダーだった近田春夫に話を聞いた。「そのころの歌番組は、各テレビ局が行なうオーディションに合格しないと出演できなかった。所属したレコード会社の勧めでぼくたちも受けたら、ＴＢＳが開いたオーディションの時に、審査員の一人だった『ぎんざＮＯＷ！』の青柳プロデューサーから言われたんですよ。君は歌はへただけど、しゃべりはうまいから、番組でコーナー司会をやるかって。その時は目の前にいる審査員の皆さんをいじったので、それが受けたんじゃないかな」。確かに近田のしゃべりは軽妙かつ漫談風でよどみがなく、その語りっぷりはまるで芸人のようだった。観客に話しかけたり、芸能界の裏話を明かしたり、師と仰ぐロックンローラーの内田裕也や、「エレキギターの神様」と呼ばれる寺内タケシなどの物まねまで演じて、笑いをとったのである。「ぼくはハルヲフォンのライブでも、1曲終わるたびにしゃべって、お客さんを笑わせるのが得意だったけど、その話術はゲイバーで身に付けたものでね。六本木のミッキーマウスという店のマスターだったミキオさんが、いつもショータイムでしゃべるんだけど、それがあまりにも可笑しくてさ。あの人のしゃべりにはすごく影響を受けましたよ」。近田が火曜日に毎週出演するようになって少し過ぎたころ、青柳脩プロデューサーはＴＢＳ局内で先輩社員から声をかけられた。「いつもお世話になっています、と突然、頭を下げられたんです。何のことかと尋ねたら、先輩は近田くんのお父さんだったんですよ」。近田の実父はＴＢＳでラジオ制作に携わり、大評判だった浪曲番組などを手がけた人物だったのだ。

番組用に演出を工夫した新曲「恋のＴＰＯ」

話術を買われた近田はコーナー司会も器用にこなしたが、もちろんハルヲフォンとしても新曲を披露した。特に自作の「恋のＴＰＯ」を番組で初めて演奏した時は、その奇抜な演出を目の当たりにして、呆気にとられた。ベースの高木英一、ギターの小林克己がオーケストラよろしく静かに椅子に座ると、おもむろにバラードを演奏し始める。ムードたっぷりに歌い出す近田。ところが途中で急にテンポが早くなり、なんとメンバーたちが椅子を覆う囲いを蹴り飛ばし、さらに譜面台も倒してしまったではないか。ムード歌謡が一瞬にしてパンクロックに変わるような、生まれて初めて味わう快感があった。「あの曲はコミックソング的なことをやろうと思って作った。途中で急に曲調が変わるアイデアは、大好きだったクレイジーキャッツの植木等さんが歌った「ハイそれまでヨ」[*39]が元ネタですね」。曲の途中で暴れ出すようにしたのには、理由があったという。「ぼくらは新人扱いだったから「恋のＴＰＯ」はいつも番組の最後に歌ったけど、『ぎんざＮＯＷ！』は生放送だから、演奏できる時間がものすごく短い。へたすると、曲調が変わる前に放送が終わる場合もあるわけですよ。そこで必ず視聴者に強烈な印象を残すために、あの演出を考えたんです。だけど音楽で冗談をやるには、高い演奏技術が必要でね。当時のぼくらにはそれがあったから、ほかにもステージで面白いことをたくさんやりましたよ」。番組の最後で歌ったはいいが、放送時間が足りなくなって、曲のおしまいまで歌い切れない新人歌手は多かった。それを避けるために工夫した近田は、やはりタダ者ではない。「でも「恋のＴＰＯ」の冗談は、『ぎんざＮＯＷ！』のスタジオに来ていた観客にはわからなかったと思う。だって世代的に「ハイそれまでヨ」を知らない、若い子ばかりだったから」。近田が書く歌詞もまた、10代には共感しにくいものが大半だった。夜になると街へ繰り出す遊び人の世界が描かれ、セックスやドラッグを匂わせる描写もしばしば飛び出したからである。

＊39　62年発売。植木は同年にＮＨＫ『紅白歌合戦』に初出演し、この曲を歌った。

いつも目の前の観客を楽しませることに全力を注いだハルヲフォンだが、ひと皮むけば、わが国では珍しいユーモアと毒を併せ持ったロックバンドだったのだ。

『ぎんざNOW!』が縁でラジオDJに初挑戦

番組でビートルズを特集した際、近田が言い放ったひと言にもしびれた。ザ・ビートルズが生み出した音楽は偶然の産物である。だがバート・バカラック[*40]が作る曲は、頭の中で計算し尽くした上で生まれたものだ、と断言したのである。バカラックは米国の売れっ子作曲家だが、一般的に評価されたのはずっと後のことである。「たぶんその時は、世の中には計算しないと作れない音楽もあると言いたかったんだよ。ぼくが音楽を作る時も、同じ方法でやるしね。それにビートルズは神格化されている面も強いから、「いや、ちょっと待ってよ」という気持ちからバカラックを持ち出したんだな。そういう風に自分では正しいと思うことが、世間の多数派の意見と異なることは、昔からよくあった。でも多数派に迎合するのは嫌いなんだよ」。彼の鋭い批評眼は、ほどなくしてマスコミから注目されることになる。深夜ラジオのニッポン放送『オールナイトニッポン』のDJに抜擢され、新旧の歌謡曲だけを次々に流しながら、舌鋒鋭く次々に斬りまくったのだ。「実はラジオでしゃべるきっかけを作ってくれたのが、『ぎんざNOW!』でぼくと一緒にコーナー司

＊40　60〜70年代にヒット曲を量産し、「遙かなる影」「小さな願い」「ウォーク・オン・バイ」ほか今も歌い継がれる曲が多い。28年生。

会をやった、水野三紀さんなんですよ。三紀ちゃんが「春夫ちゃんはしゃべりが面白いから、オーディションを受けてみたら？」と勧めてくれて、ニッポン放送の人[41]を紹介してくれたんです」。番組開始の直後より、近田はマスコミから本邦初の「歌謡曲評論家」と呼ばれ、タレントとしての仕事も急増した。一方で、ハルヲフォンはアルバムを3枚も出したものの思うように売れず、79年に解散した。

その後の近田は、いくつかのバンドを作っては壊し、また作曲家、プロデューサーなど音楽制作の裏方として活動しながら現在に至る。『ぎんざＮＯＷ！』は、ぼくがタレント業を始めるきっかけだった。あの番組で三紀ちゃんと知り合ったことで、タレントとしての活動が広がったわけだし。しかも面白いのは、のちに三紀ちゃんのご主人になった男が、全くの偶然だけど、ぼくの学生時代からの友人なんですよ。二人とは今も交流があるし、不思議な縁ですよね」。18年には、実に38年ぶりとなるソロアルバム『超冗談だから』を発売。その題名にもあるように、聴く者によってシャレともマジとも受け取れる内容で、若いころから「鉄の意志でふざけ続ける」ことを信条に音楽を作ってきた、近田らしい作品に仕上がっている。

70年代に出現した日本のロックバンドはまさに百花繚乱で、互いに個性を競い合った。洋楽への憧れから初めて楽器を手にとった時代から、より成熟した音楽を聴かせるミュージシャンが増えたのである。彼らにとって当時のテレビ界は、理不尽な約束ごとだらけで、

＊41　「オールナイトニッポン」のスタッフだった三谷清。レイ・チャールズ『ライブ・イン・ジャパン』、アース・ウインド＆ファイアー『黙示録』などのレコードの解説文も執筆。

必ずしも居心地のよい世界ではなかったかも知れない。だが少なくとも『ぎんざNOW!』だけは、自分たちの音楽を存分に聴かせることができる、貴重な場所だったはずである。

第6章

アイドルー・アイドルー・アイドルー

アイドル誕生！　番組から芸能界入りした青木美冴

『ぎんざNOW！』の火曜日で新コーナーが始まったのは、74年7月のことである。その「スターへのパスポート」は視聴者が出演して歌で競うもので、5週勝ち抜くとチャンピオンの座を手に入れることができた。この種の番組では、日本テレビが71年に始めた『スター誕生！』[*1]がすでに大成功を収め、他局でも類似番組が放送されていた。『ぎんざNOW！』は遅ればせながらの参戦だったが、魅力的なアイドル歌手を世に送った。初代チャンピオンの青木美冴、15歳である。

彼女は8歳から歌い始め、テレビののど自慢番組にもいくつか出演して好成績を残している。当人に「スターへの〜」に挑戦したいきさつを尋ねると「母親が応募してくれたのだという。予選を突破して銀座テレサでの生本番を迎えた。当日はどんな曲を歌ったのだろうか。「歌ったのは三輪車の「水色の街」か、ペドロ&カプリシャスの「ジョニィへの伝言」でした」。後者はヒット曲で知名度も高いが、フォークソングの前者はかなり渋めの選曲である。

出場者の中には、緊張して音程をはずしたり歌詞を間違う人もいたが、青木はちがった。「人の前で歌うことは特に緊張するものではなく、「水色の街」を歌った回などは、伴奏を

*1　萩本欽一司会。山口百恵、桜田淳子、ピンク・レディー、中森明菜、小泉今日子ほか時代を画したアイドルを多数輩出。放送終了は83年。

務めるバンドの方がリハーサル時よりかなりスローに始められ、アシスタントディレクターの方が、前で必死に人差し指を回して、バンドの方にもっとテンポを上げるように指示していましたが、「私は大丈夫です。ゆっくり歌えば良いのだから」と思っていました」。15歳にして、なんという落ち着きぶり。それまでテレビで歌う経験が多かったので、腹がすわっていたにちがいない。

コーナーの司会はタレントの平鉄平（元俳優の寺町孝司、21歳）と、女優デビューした直後だった15歳の池上季実子。毎回数名いた審査員は作曲家の服部克久、加瀬邦彦、スカウトマンの上条英男らが務めた。青木によると「そのほかに全国のレコード店の方が1票ずつ持ち、最後に投票。今で言うライブ感が満載でした」とのことである。次々に挑戦者を打ち破り、運命の5週目を迎えた。「この時に歌ったのが弘田三枝子[*2]さんの「子供ぢゃないの」。弘田さんは12歳ちがう姉の好きな歌手で、私がずいぶん小さいころから歌っていた曲でした」。弘田は14歳でプロ歌手になり、持ち前の豊かな声量と、勢いよく弾けるような明るい歌い方は、青木のそれに通じるものがあった。その後テレビやラジオに出た際にも、自分の曲のほかに「子供ぢゃないの」を歌うことがよくあったが、弘田版にも負けない迫力が青木の歌声から伝わってきた。

青木はチャンピオンに選ばれると、すぐに芸能界へ飛びこんだ。大手芸能事務所の渡辺プロと契約したのである。「渡辺プロには番組の方から紹介していただいたと思います。

★2　デビュー当初は10代向けのポップスを歌ったが、「人形の家」を歌った22歳ごろから路線を大人向けに変更。その後はジャズに取り組んだ。

「うれしい体験」。「いかしたひとなら／誘われたいのよ」と、恋に目覚めた少女の本心を歌った。

以前から漠然と「歌手にはなるだろうな、なったら楽しいかなア」とは思っていました。歌うことは好きでしたから」。「洗いざらしの15才。真夏に爆発するパンチ娘！」というキャッチフレーズをもらって、75年8月に「うれしい体験」でレコードデビュー。ロックンロール調の軽快な曲で、青木の歌いっぷりには若さがみなぎり、とてもまぶしく感じられた。

マスコミへの露出も増え、番組の月曜日にも毎週出演した。「デビューしてからは学校と仕事で忙しく、今までのように歌の練習をする時間もなくなりました。その結果、高音が出づらくなり、『ぎんざＮＯＷ！』でもレコード通りに歌えず、番組終了後、いつもスタッフの方に頭を下げていました。話すことは上手ではなく、生コマーシャルの時は自分の話す声がイヤでした」。番組関係者では、総合プロデューサーの青柳脩が印象に残っているという。「青柳さんには大変優しくしていただきました。その後、20歳のころに赤坂で偶然お会いしたのが最後です。現在もお元気とお聞きして、とてもうれしく思いました」。そのころの青柳は30代の後半で、父を亡くして間もなかった思春期の青木にすれば、とても頼りがいのある存在だったにちがいない。

高く澄んだ歌声が素敵だった讃岐裕子

2代目のチャンピオンに輝いたのが讃岐裕子である。フォーリーブスのター坊こと青山孝が大好きな17歳で、売れっ子作曲家の平尾昌晃*3が主催する歌謡教室に通い、そこで「スターへの〜」の話を聞いて出演を決めた。「生放送でやり直しがきかないので、本番は緊張しました。なにしろテレビに出るのは、あの時が初めてだったので」。1週目に歌った曲は、カナダで生まれたルネ少年の「ミドリ色の屋根」である。「前からすごく好きな曲で、なにかと言えば歌っていたので、周りから『またそれ!?』と呆れられていました」。無事に1週目を突破し、2週目以降は小坂明子の「あなた」などを歌ったが、いずれも音程が高くて、朗々と歌い上げる曲だった。「私は生まれつき声が高かったので、その声を生かせる曲を選びました。本当は高橋真梨子さんのように、低音が魅力的な声に憧れていたんですけどね」。そして見事に5週を勝ち抜き、75年5月に「ある晴れた日に」で歌手デビューした。澄んだ高音が耳に心地よい曲で、恩師の平尾昌晃が曲を書き、所属事務所も平尾が経営するファミリープロだった。

同年10月から『ぎんざNOW!』金曜日のレギュラーとなり、火曜日に移ってからはザ・ハンダースの桜金造と組んで、最新の流行を紹介する「ぎんざマガジン」の司会など

*3　ロカビリー歌手から作曲家に転身。70年代に「瀬戸の花嫁」「よこはま・たそがれ」「うそ」「旅愁」「二人でお酒を」ほかをヒットさせた。

1977年3月発売の「ハロー・グッバイ」。別れを予感した少女が主人公の恋愛ソング。

を担当。語尾に「ポイ！」を付けてしゃべるなど、ギャグっぽいことにも挑んだ。また屋外に飛び出して、リポーターのような仕事を担当することもあった。「でも少し寂しかったかな。毎週出させていただいたのに、歌わせていただける機会が少なかったから。私は歌手なのに、ただのアシスタントなのかなあって」。その後に歌った「ハロー・グッバイ」と、化粧品のCMソング「シャインの秋」が話題になった。「元々「ハロー・グッバイ」はアグネス・チャンさんがシングルB面で歌った曲で、担当ディレクターから提案されて歌うことになりました。その方がアグネスさんも手がけていたので」。「ハロー・グッバイ」は4年後に柏原芳恵が歌って再び売れたが、50代以上には、讃岐版の方が馴染み深いだろう。

　その後の青木美冴だが、3枚目のシングル盤を出した後に芸能界を引退。ほどなくしてレコード会社に就職し、同社の音楽プロデューサーと結婚して家庭に入った。「子供のころからの夢は、歌手になることと「ザ・専業主婦」でしたから」。だが彼女の才能を買っていたミュージシャンの近田春夫や新田一郎らの誘いに応じて、その後もいくつかの録音に参加して歌声を聞かせた。近田春夫は、青木との出会いを今でも鮮やかに記憶している。

「ぼくが、スーパーマーケット[*4]という谷啓さんのバンドでピアノを弾いていた時期に、日本テレビの『おはようこどもショー』に出たんです。その時たまたま青木美冴さんも出演していて、彼女は「町あかりキラキラ」という新曲を歌ったが、歌い方に天性のノリの良さがあって印象に残ったんです。彼女が『ぎんざＮＯＷ！』出身だとは知りませんでしたけど」。数年後に近田は、アニメ映画『悪魔と姫ぎみ』[*5]の音楽を担当。録音するにあたって、すでに引退していた青木美冴に声をかけて2曲歌ってもらっている。

一方、讃岐裕子はシングル盤5枚、アルバム1枚を出すも、5年目で芸能活動に終止符を打った。「ある先輩の女性歌手に励ましていただいたんですよ。裕子ちゃん、この世界は売れなくちゃダメよ、必ず売れようね！　って」。その言葉通り、長らく伸び悩んでいたその先輩は、しばらくして大ヒットを飛ばしたが、歌手という商売は、レコードの売り上げ枚数という「数字」で評価が決まってしまう厳しさに、常にさらされている。そしてずっと売れなければレコード会社から契約を打ち切られ、歌手活動を続けることが難しくなってしまうのだ。

青木は、『ぎんざＮＯＷ！』は勢いがあって、若者が光をつかもうとする番組だったと振り返る。「でも私には、まぶし過ぎたかも知れないですね。多くのチャンスを与えて下さった方々に感謝すると共に、それを生かしきれなかったことを申し訳なく思います」。また讃岐も「ヒット曲が出れば、もっと『ぎんざＮＯＷ！』で歌う機会をいただけたのに

＊4　クレイジーキャッツの谷啓が、70年代半ばに結成。ハルヲフォンの高木英一、ＣＯＰＰＥ、元ワイルドワンズの植田芳暁も在籍。

＊5　81年公開。監督は高橋良輔で、主人公の声はタレントの木の葉のこ。

……。私の力不足ですね」と小さな後悔を口にした。現在はエステ関係の仕事に就いている讃岐は、昔の自分の曲は車の運転中にたまに聴くが、彼女も青木も人前で歌うことは久しくないという。

歌がうまくて楽曲や容姿に恵まれても、売れずに消えていく歌手は今も多い。歌手が必ず成功するための方程式は、ないのである。『ぎんざNOW!』にはそうした悲運のアイドルやバンドがたくさん出演したが、彼ら彼女らにもう会えないからこそ想いは募り、その歌声はより鮮やかによみがえる。青木美冴も讃岐裕子も、残された楽曲が現在CDで手軽に手に入るのは、アイドル時代の彼女たちを愛する人が今もたくさんいる証拠である。

大人びていた4代目チャンピオンの朝田卓樹

青木と讃岐は惜しくも数年で芸能界を去ったが、「スターへのパスポート」の元チャンピオンで、今も歌い続けている人物がいる。朝田卓樹《たくたか》である。

番組に出演した時はまだ中学生だったが、妙に大人びた少年だった。生本番では自前の白いタキシードに身を包み、イタリアの大衆歌謡であるカンツォーネを朗々と歌い上げたのである。「小学生のころにラジオから流れてきた「愛は限りなく」を聴いて、一瞬にしてカンツォーネに魅せられました」。「愛は限りなく」という曲は石原裕次郎、岩崎宏美ら多くの有名歌手が日本語に訳したものを歌うなど、日本でも人気が高い。「実家は人がよく集まる家で、ぼくが歌うたびにみんなが小遣いをくれました。それに味をしめて、どんどん歌いましたよ」。プロ歌手を目指し始めた朝田少年は、ラジオののど自慢番組で歌って力を付けると「スターへの～」に応募した。六百名ほどの応募者が数回の予選でふるいにかけられ、歌がへただと、歌っている途中でも審査員にブザーを押されて失格になった。

予選を突破した朝田は、生本番で外国曲の「愛のカンツォーネ」を日本語で歌った。審査員は五名で、その中には服部克久、湯川れい子、馬飼野康二ら高名な音楽業界人もいた。「伴奏は五人編成の生バンドで、挑戦者も毎回五人。歌い終わると、スタジオの観客五十名が「上手だった」と思えば、手に持ったスイッチを押したが、ぼくは1週目にほぼ満点をもらって驚きました」。観客は学生ばかりでカンツォーネには馴染みがなかったはずだが、朝田の歌声と愛らしい顔つきが、特に女子学生たちに気に入られたらしい。2週目以降は、アダモの歌唱で知られる「夜のメロディー」や野口五郎の持ち唄などを披露し、見事に第4代チャンピオンに選ばれた。当時の雑誌を調べたら、「スターへの～」のチャンピオンで歌手デビューを目指す少年が二人いる、との記述を見つけた。おそらくそのうちの一人が朝田なのだろう。

ほどなくして芸能事務所から声がかかったが、契約は結ばなかった。「そのころの芸能界は10代のアイドルが全盛で、自分もそういう売り方をされると思った。でも、ぼくはカ

初アルバム『カンツォーネ』。「壊れた日々」ほか計3曲が自身の作詞作曲。

ンツォーネのような大人向けの曲が歌いたかったので、芸能界には行きませんでした」。その後、フジテレビの『君こそスターだ！』[＊6]という人気の歌手オーディション番組に挑み、7週を勝ち抜いて、ここでもチャンピオンに輝いたという。結局プロ歌手として世に出たのは20代半ばで、86年に「さよならは言わない」という自作曲でデビュー。「朝田卓徳」名義でCDを出すなどの活動を経て、96年に初アルバム『カンツォーネ』をビクターから発売し、これまでに計5枚のアルバムを出している。そのいずれにも、海外のカンツォーネやシャンソンなどを日本語に訳した楽曲が詰まっており、いくつかの自作曲を除くと国産の曲は、ほぼない。また近年は各地のライブハウスやイベントで歌ったり、後進を育てるかたわら、自身の歌を動画投稿サイトで積極的に発信し、その中には再生回数が3万回を超えるものもある。「『ぎんざＮＯＷ！』で審査員の方々からぼくの歌をほめていただいたことは、歌手を続ける上で大きな自信になっています」。あれから40年余りが過ぎ、年齢を重ねた朝田の歌声には深みと色気が増している。

＊6　林寛子、高田みづえ、石川ひとみらを輩出。三波伸介ほか司会。73〜80年放送。

番組が生んだ最大のスター清水健太郎

『ぎんざＮＯＷ！』からは多くの素人が歌手やタレントとして巣立ったが、もっとも華々しい活躍を見せたのが歌手の清水健太郎である。なにしろ76年11月発売のデビュー曲「失恋レストラン」が、オリコンのヒットチャートでいきなり1位を奪取。さらに翌年には、当時の音楽界でとりわけ権威があった日本レコード大賞と日本歌謡大賞の最優秀新人賞を獲得し、年末のＮＨＫ『紅白歌合戦』にも出たのである。それから番組と提携していたＴＢＳ主催の「東京音楽祭」では、もっとも優秀な新人に与えられるシルバーカナリー賞をもらっている。また同年には俳優としても頭角を現し、ＴＢＳのドラマ『ムー』[*7]では家族と疎遠になった影のある青年を好演し、映画『ボクサー』[*8]では準主役の新人ボクサーに扮した。

「失恋レストラン」。作曲のつのだひろはミュージシャンで、番組初期にレギュラー出演。

清水の本名は園田巌《いわお》と言い、家業を継ぐために栃木県の足利工業大学で建築を学んだ。また応援団で活動したり、加山雄三に憧れて自ら曲を作って歌うなど、学校内でも目立つ存在だっ

＊7　77年5月放送。足袋屋が舞台のホームコメディーで、共演は伊東四朗、郷ひろみほか。演出プロデューサーはＴＢＳの久世光彦。

＊8　77年10月公開。監督は詩人の寺山修司で、企画は主演の菅原文太。

たらしい。大学4年生になった直後の75年4月に、学校の2年後輩で、のちに物まね芸人として世に出る清水アキラが「コメディアン道場」に出演し、その4週目に、彼から誘われてギター伴奏と萩原健一の歌まねを披露した。髪をリーゼントで決めた二枚目の清水にひと目惚れしたのが、番組の総合プロデューサーだった青柳脩である。矢沢永吉がいたロックバンドのキャロルと出会って以来、大の不良好きになっていたからだ。

青柳は、ただちに清水に声をかけた。「青柳さんは成城のお宅に俺を招いてくださって、今度から『ぎんざＮＯＷ！』の木曜日を「男の木曜日」というのにして、どうだ、おまえ司会をやらないかといわれた時には驚いた。でも、大学生最後の年をテレビに出て、いろいろやってみるのも楽しいだろうと、ひきうけることにした」。清水の著書『風知る街角』の一節である。

かくして清水は、毎週木曜日に出演するようになった。スタジオには、彼を応援する女子学生たちが毎回詰めかけた。このころに彼と公私ともに親しく付き合ったのが、ＡＶ企画に所属していた担当ディレクターの大島敏明である。「番組でロケに行くたびに、健太郎は中古の国産車を運転して足利から上京していましたが、毎回朝が早いので、赤坂にあるぼくの実家に泊まらせるようになりました。ところが、ぼくが仕事で帰宅できないことが増えて、そのまま彼が居候するようになった。まだ売れる前でしたから、階段に座ってギターを爪弾きながら「スケジュール、真っ白ですよ」なんてこぼしていましたよ」。青

柳の紹介で所属事務所は、創業3年目の田辺エージェンシーに決定。社長の田辺昭知は元スパイダースのリーダー兼ドラム奏者で、青柳とは仕事を通して旧知の仲であった。

男とは？　菅原文太や矢沢永吉と語り合う

清水の芸能界デビューに向けた準備が始まった。75年7月から毎週木曜日は、女子禁制の「男の木曜日」[*9]と銘打って、「男はいかにして生きるべきか」をテーマに掲げた。その目玉企画が清水の進行による「男の聖書」で毎回、彼の渋い語りから始まった。

「葛藤の波間に漂い／浮き沈みする男たち／この世に生を受け／青い炎が燃えたつ時に／男の闘いは開始される／この激動の世を生き抜くために／ここに救世の書を贈ろう／聖書、男のバイブルを」

このコーナーは、清水が柔道、少林寺拳法、ボクシングなどの格闘家を訪ねて1日入門するというもの。彼は運動が得意なこともあって毎回、真剣に打ちこみ、プロのボクサーと戦った際には、顔にパンチをくらって鼻血を流しながらも、ひるまずに闘い続けた。

のちに企画が変更され、各界で活躍する「理想の男」を取り上げた。彼らの生き方を紹介した後で、清水が感想を述べるという展開である。「初回で取り上げたのがベトナム戦争で活躍した従軍カメラマンの沢田教一さんで、遺品のカメラを紹介したり、夫人に話を

＊9　人気コーナーの一つが「勝ち抜き腕相撲」。レフェリーの松岡憲治はTBSスポーツ局の所属で、当時40歳。キックボクシング中継の解説者としても知られていた。

聞きました」（演出の大島敏明）。さらにトラック野郎、カーレーサー、応援団員、サックス奏者などの人生に迫ったり、清水が有名人と対談したこともあった。その顔ぶれはロック歌手の矢沢永吉、元ボクサーでタレントの輪島功一といった芸能界の先輩や、高校野球界のスターで、のちに巨人に入団して活躍した原辰徳などである。

清水が番組で対談した一人が、俳優の菅原文太だった。菅原は、やくざ者を演じた映画『仁義なき戦い』シリーズで評判を取り、若者たちから絶大な支持を得ていた。当時42歳の男盛りである。ちょうどそのころ映画『トラック野郎[*10]』に主演し、コミカルな芝居も上手なところを披露して、新たなファンを増やしていた。

対談は清水の問いかけから始まった。「20歳のころだと、オレは将来こんなことをやろうと思ったことがあると思うんですが」。菅原がゆっくりとした口調で答える。「うーん、別に何もなかったねえー。ただ毎日どうやってメシを食って、なんかいいことねえかなーって。酒呑みたいけどゼニはねえし。同じじゃないの？　今の若い人と」。再び清水が尋ねる。「よく男とは、完全燃焼するもんだとか、燃えていないとダメだとか、汗とか涙とか血とか、そういう言葉で表されると思うんですが、簡単に言えるとしたら「男」とは何でしょうか」。清水は高校時代まで運動全般に打ちこみ、大学では応援団員として青春を燃やした。質問の中に「汗」「涙」「血」といった単語が飛び出したのは、彼が根っからのスポーツマンだからだろう。

＊10　菅原が長距離を走るトラック運転手に扮し、75年から5年間に10本を制作。共演は愛川欽也。

清水の質問を受けて、菅原は少し考えてから口を開いた。「「男」とは何か。人それぞれで、ぼくの場合、なんとなくボケーっと暮らした方が多いから、それはそれで「男」なんだろうねえー。自己流でいいんじゃないの？　ただ、人のまねをしない方がいいよね。ぼくは、昔から人のまねはあんまりしなかったから。流行は追わないで、かえって反対を行くぐらいが面白いんじゃないかなあ」。清水が再び質問をぶつける。「高校野球の原辰徳くんがすごい人気があるんですが、それに対して何か思うことはありますか」。菅原が答える。「オレの方にひがみがあるのかも知れないけど、あのぐらいの歳には、こっちは人様に騒がれることもないし、むしろ見向きもされない方だったから。でも人それぞれだからね。いつその人の力が出るか、わからないよね。[*11] それって一生が終わってみないと、わかんないだろ。だから今の自分はダメだと考えないで、じわじわじわじわ粘っこく生きることじゃないかな、男っていうのは」。

どうやら清水は菅原に対して、彼が映画で演じてきた義理人情を重んじる熱血漢のイメージを重ねていたようだが、菅原は構えることなく、より自然体で対談に臨んでいた。そうした相手との微妙な温度差も、この対談企画の見どころであった。なお清水は、のちに映画『ボクサー』で菅原と初共演を果たしている。

それから矢沢永吉との初対談は、清水にとって特に心に響いた。「俺が彼に逢ったときは、彼は以前いたグループを止め、ソロ・シンガーとして出発したときだった。俺には、

＊11　菅原は映画の新東宝で俳優人生を始めたが遅咲きで、主役を演じるようになったのは30代半ばからだった。

グループとして一たん体制に飛び込んだ後、今再びそこから脱皮するためのソロ・シンガーであるように思えた。そうした彼の変化に、俺は言葉で言えないほどの衝撃を受けたのを覚えている」（著書『風知る街角』より）。両者が対面したのは、キャロルを解散した矢沢が初のアルバムを出した、75年9月ごろのことだろう。

また清水は、放送中に自作の曲を毎回ギターを奏でながら歌うなど、歌手としての魅力も存分に振りまいた。番組をあげて、清水を売り出したのである。演出の大島敏明もその一翼を担った。「青柳プロデューサーから言われました。健太郎にサングラスをかけさせろ、白い歯を出させるなって」。大島いわく「根は三枚目」で物まねが得意な清水が、物静かだが情熱を秘めた不良に変身し、彼に憧れる大勢のツッパリ男子学生が毎回スタジオに押し寄せた。「健太郎が登場すると、興奮の余りステージに押し寄せたり騒ぐ連中もいましたが、きちんと説明すると素直に話を聞いてくれて、みんなおとなしくなりました」（演出の高麗義秋）。また清水は、ロックンロールバンドのメイベリンを従えて都内で小さなライブを行なうなど、歌手としての活動も着実に積み重ねていった。そのころ目標にしていたのは、ダウン・タウン・ブギウギ・バンドを率いた宇崎竜童だったらしく、2枚目のアルバムには宇崎が全面的に参加している。

さらに俳優業にも乗り出して、東映の暴走族映画（『暴走の季節』『爆走！750CC族』など）に助演したり、評判のドラマ『大都会』『太陽にほえろ！』（共に日本テレビ）で犯罪者を演じた。なお『爆走！～』の劇中で流れた「ツッパリ・フォーエバー」は、清水の作詞作曲そして歌唱によるものだ。「オレの頭を見てくれ／ＭＧ５のポマードで／ビッチリ決まったリーゼント／ギンギラギンな男／カッコいいだろ／ツッパリみたいで」。軽快なロックンロールの不良讃歌で、巻き舌ぎみの清水の歌いっぷりも勢いがあって最高なのだが、惜しくもレコード発売されなかった。素人だったころの清水の魅力が伝わってくる1曲である。

番組とのつながりから生まれた楽曲

清水が番組に初めて登場してから1年半が過ぎ、「失恋レストラン」で正式に歌手デビューする日が来た。ところが、彼がその曲を番組で歌う姿を見て、腰を抜かしてしまった。サングラスをはずしている。髪型は、パーマを軽くかけた短髪である。さらに服装も、さわやかで洗練されたものに変わっていたのだ。ちょうどそのころ流行していた「シティボーイ」に変身していたのである。青柳いわく「たぶん所属事務所の田辺昭知社長が考えたものだろうが、あのイメージチェンジはお見事。だって女の子のファンが一気に増えたわけだから」とのことだが、この大胆な変貌ぶりには本当に驚かされた。結果的に男子からの注目度もさらに上がり、理髪店で彼の「健太郎カット」そっくりに髪を切ってもらう人が続出した。

それからも仕事が途切れることはなく、清水の芸能活動は順調だった。だが31歳で転機が訪れた。事件を起こして逮捕され、表舞台から消えたのである。さらにその後、活動の場をVシネマに移して俳優業を続けたものの不祥事を繰り返し、公の場に出る機会もほとんどなくなってしまった。だが65歳の今も芸能活動を続けており、全国各地のステージに立って自身のヒット曲などを歌っている。自らが招いたことではあるが、清水の転落を未だに残念がっている番組関係者は多い。

初アルバム『健太郎ファースト』[*12]が77年6月に発売され、オリコンのヒットチャートで首位に輝いた。その中には、自ら作詞作曲した「両切りのキャメル」が収められている。「俺のベッドに日差しのかかるころ／すかさず／お前のモーニングコール」。こう始まる歌詞には、「カフェテラス」「ジャズ」といった都会暮らしを思わせる語句が使われており、そこへ涼しげなボサノヴァ調のアレンジが加わったことで、当時流行していた「シティポップ」の風情を濃厚に醸し出している。この曲は、映画監督の青柳信雄にもらった外国産タバコから清水が発想したもので、その際に監督は「純な男の煙草です」と言いながら、キャメルを1カートン手渡したそうだ。この監督は誰あろう青柳プロデューサーの実父で、その縁から交流が生まれたわけだが、以来、曲作りの際には必ずキャメルを吸ったという。この曲は清水健太郎と『ぎんざNOW!』のつながりを今に伝える貴重な曲であり、彼の

＊12　全12曲中、清水の自作曲は「両切りのキャメル」「海に唄おう」で、カヴァー曲は「知らず知らずのうちに」「酒と泪と男と女」。

音楽家としての才能の豊かさも示している。

山口百恵、フィンガー5、池上季実子、浅野ゆう子

『ぎんざNOW！』を見る楽しみの一つが、毎回必ず出演した、デビューの直前あるいは直後だった新人アイドルたちだった。70年代に登場したアイドルのほぼ全員が、この番組に一度は出ていると言ってよいだろう。しかも番組で初めてその歌声、その姿に接する場合がほとんどで、自分だけのお気に入りの女の子を見つけては、熱心に応援したものである。また、毎週金曜日には芸能評論家の鬼沢慶一が出演していて、最新のアイドルの動向を伝えたが、とても貴重な情報源となっていた。

活躍したのは40年以上も前なのに、今もってしばしば話題になるアイドルたちも、この番組でよく歌った。

たとえば73年に私たちの前に登場した山口百恵[*13]は、新人時代にこの番組に出演することになり、銀座テレサで担当マネージャーと待ち合わせをした。ところが当日、彼女がテレサにやって来たら、あろうことか警備員に止められて中に入れてもらえなかった。学校帰りだったのでセーラー服を着たまま。しかもまだ売れる前だったので、一般の学生と間違われてしまったのだ。中学や高校に通っていたアイドルの多くは、学校の授業が午後3時

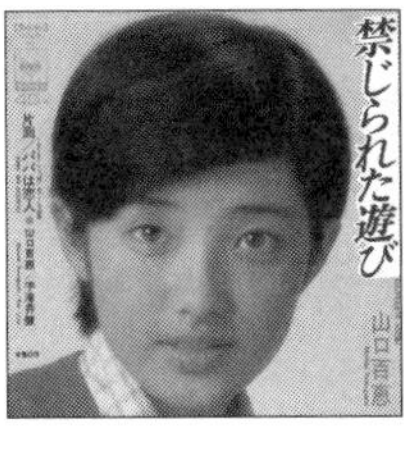

＊13　73年5月に「としごろ」でデビュー。代表曲は「ひと夏の経験」「横須賀ストーリー」。俳優の三浦友和との結婚を機に、80年に引退。

に終わると、すぐさまテレビ局へ駆けこんで歌番組に出演することが多かった。ＮＨＫにも民放各局にも、夜のゴールデンタイムにはその種の番組が数多くあり、視聴率を競っていたからである。

それからキャンディーズ[＊14]とピンク・レディー[＊15]も、デビュー直後から番組に何度も登場している。一番古い出演は前者が73年10月25日、後者が76年10月4日である。特にキャンディーズは、グループ解散を公表したあとの78年3月2日にも出演。当日は木曜日の「ポップティーンポップス」の特別編として、専属バンドだったＭＭＰの伴奏に乗って、最初から最後まで出づっぱりで歌った。テレビへの出演としては最後から6本前で、その1ケ月後に後楽園球場で解散コンサートを開いている。当日は、5万人のファンが会場に駆けつけて別れを惜しんだ。

ゲストだけでなく、各曜日にレギュラー出演した歌手やアイドルグループもみんな新人だった。

沖縄生まれの兄弟で結成された五人組のフィンガー5[＊16]は、73年9月から毎週月曜日に出演した。彼らに声をかけたのは青柳プロデューサーである。「リードヴォーカルのアキラくんが歌う「ベンのテーマ」というバラードを聴いて、一瞬でその歌声に魅了されてしまい、すぐにレギュラー出演をお願いしました」。「ベンのテーマ」とはフィンガー5がお手本にした米国の兄弟グループ、ジャクソン5のヒット曲で、歌ったのは幼いころのマイケ

＊14　73年9月に「あなたに夢中」でデビュー。77年にコンサートの最後で突然の解散引退を宣言して、世間を驚かせた。

＊15　76年8月に「ペッパー警部」でデビュー。その後も特大ヒットを連発し、子供たちにも愛された。81年に解散したが、のちに復活。

ル・ジャクソン。青柳はそのジャクソン5の東京公演（73年4月）の中継ディレクターを担当した経験があり、会場の日本武道館でマイケルの生歌を聴いていた。なおフィンガー5は74年2月まで毎週出演し、その後もしばしば番組に来て歌声を聴かせてくれた。

ほかにも、デビュー直後にレギュラー出演したアイドルは数多い。一部を挙げると、女性はトライアングル、西村まゆこ、桑江知子、長谷直美、高見知佳、大橋恵理子、三木聖子、西崎みどり、秋ひとみ、香坂みゆき、男性は弾ともや、JJS、アンデルセン、草川佑馬、豊川誕、荒川務、星正人、リトルギャングなどである。

銀座テレサで歌う池上季実子（1975年8月30日開催の番組関連イベント「NOW特派員クラブ発足式」にて）。

それから今やベテラン女優の池上季実子[★17]も、火曜日に毎週出演している。特に「スターへのパスポート」ではタレントの平鉄平と司会を務め、さわやかな笑顔を振りまいて、自宅でテレビを見つめる少年たちの心をわしづかみにした。その池上は、実は青柳プロデューサーの親戚

★16　前身のベイビーブラザースを経て、72年にデビュー。代表曲は「個人授業」「恋のダイヤル6700」。78年に解散。

★17　女優としての代表作は映画『陽暉楼』、ドラマ『四季・奈津子』。

だった。「ある時、彼女から「おじちゃん、テレビに出してよ！」と頼まれたので、番組に出すことにしたんです」。えこひいきと言えばそれまでだが、当時15歳の池上は、長くてまっすぐな黒髪もきれいな美少女で、のちに芸能界で活躍するのも当然と思わせるだけの輝きもあった。番組に出始めたのは、ＮＨＫのドラマ『まぼろしのペンフレンド』[*18]に俳優として初出演した3ケ月後。さらにその3ケ月後には、ドラマ『愛と誠』[*19]（テレビ東京）のヒロインに大抜擢されて一躍、世間から注目されることになった。

　芸能界に不慣れだった池上の世話をしたのが、担当ディレクターの高木鉄平である。「ある回で、池上さんのおじいさんが急に亡くなったとスタジオに電話が入った。それを聞いた彼女が、慌ててスタジオを飛び出して行った姿を今もよく覚えています」。「おじいさん」とは歌舞伎役者の8代目・坂東三津五郎で、ふぐを食べた際に毒にあたり、68歳で命を落としてしまったのである。

　高木ディレクターが担当した金曜日には、こちらも女優として活躍中の浅野ゆう子[*20]が毎週登場した。「彼女の所属事務所だった研音の寮に露天風呂があり、中学生だった彼女に現場からレポートしてもらった。タオルを胸まで巻いて、

「ひとりぼっちの季節」。1974年12月発売の第2弾シングル。

＊18　74年4月に「少年ドラマ」シリーズの一本として放送。

＊19　池上は不良少年に恋する令嬢を好演。74年10月放送。

＊20　74年6月に「飛びだせ初恋」でデビューし、20代から女優業に力を入れた。

湯船にも入ってもらったりして。今から思うと、よくやってくれましたよね」。浅野は番組主催のイベントにも参加するなど、番組作りに対する貢献は大きなものがあった。

その浅野について金曜担当の酒井孝康ディレクターが、当時『月刊平凡』（74年9月号）で興味深い発言をしている。いわく、『ぎんざNOW！』で数多くの新人歌手を見てきたので、その歌手は度胸がよいか悪いかがわかる。そして特に度胸があるアイドルが浅野ゆう子、そして伊藤咲子だというのだ。また伊藤はふだんから声が大きく、彼女がスタジオへ来ると、すぐにわかったそうである。

それから『明星』と並ぶ人気芸能雑誌だった『平凡』と組んで、番組をあげてアイドルバンドを売り出したこともある。まず73年10月に『月刊平凡』誌上でメンバーを募り、二千名の応募者から半年後に五名が選ばれた。74年5月3日、『ぎんざNOW！』に初出演。翌月に番組内でバンド名の「ジェフ」を公表し、デビュー曲「まぼろしの夏」を初披露した。同時に金曜レギュラーとなり、12月に銀座で初ライブを開催。だが翌年3月に番組内で解散を発表し、4月にさよならコンサートを開いた。活動期間はわずか1年弱。シングル3枚、アルバム1枚を残しての、実にあっけない解散であった。

「恋は燃えている」。1974年10月発売の第2弾シングル。

連日テレサを埋めた観客の中には、芸能界に興味がある10代も多かった。田中由美子もその一人で、当時16歳の彼女は、幼いころから人前に出ることが好きだった。そこでテレビ朝日の歌手オーディション番組『あなたをスターに！』[*21]に挑戦したところ、レコード会社のディレクターに誘われ、芸能界への道が開けた。ちょうどそのころ、学校帰りに制服姿で銀座テレサに立ち寄ったのである。「CMに入る直前に司会のせんださんに声をかけられ、カメラに向かって一緒に「ナーウ・コマーシャル！」をやりました」。大勢の観客から田中が選ばれたのは、彼女に何か光るものがあったからだ。直後にNHKのドラマ『巣立つ日まで』[*22]で俳優デビュー。4年後には特撮ドラマ『仮面ライダースーパー1』のヒロインに選ばれ、映画『ゴジラ』などにも出演した。現在は朗読劇団桃色旋風の一員で、月に一度、都内で舞台に立っている。

笑いも取ったずうとるび、あのねのね

異色なところでは、「バラエティアイドル」の走りである、男性四人組のずうとるび[*23]が毎週月曜に出演した。彼らのグループ結成には、今も放送している日本テレビ『笑点』が関係している。「チビッコ大喜利」のコーナーに出ていた少年時代の山田隆夫らが、座布団10枚を獲得したほうびとして、アイドルグループを組むことになった。それがザ・ビー

＊21　岡田奈々、大場久美子、山本由香利、森田つぐみらを輩出。74～75年放送。

＊22　76年9月にNHKで放送された、ほろ苦い学園ドラマ。田中は同名の主題歌も歌った。

＊23　ヒット曲に「みかん色の恋」などがあり、75年にはNHK『紅白歌合戦』に初出場。メンバー交代を経て82年に解散。

「ネコニャンニャンニャン」。地球脱出を企む動物たちを描いた冗談ソング（1979年2月発売）。

トルズを意識したグループ名の、ずうとるびだったのである。74年2月に「透明人間」という曲でレコードデビューを果たし、その半年後に『ぎんざNOW！』に参加。彼らにとって初のレギュラー番組だった。その後1年間にわたってお茶の間を笑わせ、人気コーナーの「しろうとコメディアン道場」と共に「笑いの月曜日」を強く印象づけた。

月曜日には、関西から来た二人組のあのねのね[*24]も登場したが、これは担当の吉村プロデューサーの一目惚れがきっかけである。「彼らが初のレコードを出す直前だったと思うけど、オーディションに来た時に彼らを初めて見て気に入り、すぐ番組に出てもらった。そうしたら直後に売れて、あっという間にスターになりました」。あのねのねが自ら作った曲は哀感漂うものも多かったが、世間の若者が飛びついたのは、これも彼らの自作だったナンセンスソングの数々である。「魚屋のおっさんが驚いた。ギョッ！」といったひと言ダジャレも多かったし、73年発売のデビュー曲「赤とんぼの唄」は残酷さとユーモアが同居する不思議な曲で、オリコンのヒットチャートでいきなり3位まで駆け上がった。

彼らの冗談好きは番組でも発揮された。よく覚えているのは、彼らが新曲を歌った時のことである。メンバーの清水国明と原田伸朗がマイクに向かって歌い始めたのに、二人と

＊24　大学の仲間で結成され、初期メンバーには笑福亭鶴瓶がいた。ナンセンス系の代表曲は「魚屋のオッサンの歌」「つくばねの唄」。

も口をパクパクと動かすだけで、テレビから全く声が聞こえない。何事かと思っているうちに演奏が終わり、清水がこう言い放った。「マイク故障の唄でした！」。二人はわざとマイクが故障した芝居をしたわけだが、「してやったり！」という気分だったにちがいない。ところが音声担当のスタッフは慌てふためき、放送が終わると、二人を叱りつけたという。

太田裕美、榊原郁恵、大場久美子は番組の「三人娘」

話をアイドルに戻そう。これは全くの私見だが、レギュラー出演した新人歌手の中でも、特に印象深い女の子が三人いる。彼女たちは番組で歌うだけでなく、司会者の補佐を器用に務めたり、様々な情報をわかりやすく告知したりと、『ぎんざＮＯＷ！』三人娘と呼びたいくらいに、番組には欠かせない存在に育っていった。

水曜日に毎週出演した太田裕美[*25]は、歌手デビューの1ケ月後だった75年1月に初登場。翌年8月まで「ラブラブ専科」などの進行役を務めたり、新曲を出すたびに歌ったりした。そのおっとりとしたしゃべり方は、早口で声の大きな共演者ばかりの中にあって新鮮に映り、番組にとっての「いやし」にもなっていた。太田は、落語家の林家三平（先代）の娘でタレントの海老名みどりの後任だったが、「番組内で引き継ぎをやり、みどりさんに花束を手渡したのをよく覚えています」と当時、番組の中で語っていた。出演を始めて1年

＊25　ＮＨＫ『ステージ１０１』への出演を経て、74年11月に「雨だれ」でデビュー。

後に新曲の「木綿のハンカチーフ」を発売すると、これが自身初の大ヒットを飛ばした。彼女のように、新人歌手の曲が爆発的に売れる瞬間をいち早く目撃できるのも、この番組を見る醍醐味であった。

榊原郁恵[26]も忘れがたいアイドルの一人である。彼女は芸能事務所のホリプロが主催するタレント・スカウトキャラバン[27]の第1回に出場して優勝。77年1月に「私の先生」でレコードデビューする直前から、月曜日に毎週登場した。本番中に失敗しても屈託なく大声で笑うなど、その底抜けの明るさで番組を活気づけた。司会のせんだみつおによると、アシスタントを務めた歴代アイドルの中では、榊原の印象が一番強いという。「郁恵ちゃんは、ぼくのひと言に対する反応がとにかく速かったよ。あのころからトークの才能を感じましたよ」。のちに彼女は、日本テレビの『紅白歌のベストテン』という歌番組の司会を担当したり、女優業も始めるなど、歌手の枠を越えて活躍の場を広げることになる。

「エトセトラ」(1978年6月発売)。片思いする少女の心情を歌った。

『ぎんざNOW!』三人娘のうち、最後に登場した「末娘」が大場久美子[28]である。レコードデビューは77年6月だが、その直前に火曜日のレギュラーに選ばれ、司会だったTBSアナウンサーの松宮一彦の補佐役をこなした。ところが当初は戸惑うことが多

＊26　デビューの翌年に出した「夏のお嬢さん」が初ヒット。

＊27　ホリプロ主催で76年に第1回を実施。以後、堀ちえみ、井森美幸、深田恭子、石原さとみらを世に送る。

＊28　77年6月に「あこがれ」でデビュー。代表曲は「キラキラ星あげる」「スプリング・サンバ」。

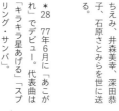

く、しゃべりがすごくゆっくりだったので、スタッフから「生放送だから、もっと早く話す練習をしなさい」と助言を受けた。1年後にTBSのドラマ『コメットさん[*29]』の主演に抜擢されると、さらに人気が上昇。銀座テレサには、彼女を見たさに多くの若者が詰めかけた。特に歌う時が大変だった。観客がステージに向かって押し寄せたのだ。ところが、彼女が怖い思いをすることは一度もなかった。「親衛隊の人たちが守ってくれていたんです。いつも最前列に陣取って、なにか騒動が起きそうになると、すぐに親衛隊が抑え込んでくれました」(『週刊現代』17年11月25日号)。アイドルがテレビで歌う場合、それがデビュー直後だと世間の認知度も低く、ファンも少ない。そこで所属事務所やレコード会社が「作戦」を実行することも多かった。学生たちをサクラとして雇い、彼らを客席に座らせて声援を送らせたのだ。だが、「三人娘」は番組に出演した当初から世の少年たちから応援されていたので、彼女たちの関係者がニセのファンを送りこむ必要などなかったのである。

出演歌手はどのように選ばれたのか

番組には実に多くの新人歌手が出演し、その中には「今週の唄」というコーナーに出て、デビュー曲や新曲を週に5回歌う機会に恵まれた人もたくさんいた。そうした出演歌手の人選に深く関わったのが、当時日音に籍を置いた氏家好朗である。

＊29　78年6月〜79年9月放送。宇宙から来た少女(大場)が、素性を隠して沢野家で働き始めるホームコメディー。

日大を卒業後、しゃれた音楽番組を作りたくて、渡辺正文、砂田実らTBSの敏腕ディレクターのもとで演出を学んだ。その後、砂田の勧めでTBS傘下の日音に入社。『ぎんざNOW!』には初回から参加し、日音の制作部長で、火曜と金曜の担当プロデューサーでもあった村上司（のちの日音社長）の補佐役を務め、ほどなくして金曜日のプロデューサーに昇格した。

歌う桜たまこ。1976年に15歳で歌手デビューし「東京娘」でヒットを飛ばしたが、79年に引退。

そのころTBS内で、「新人試聴会」が月に一度開かれるようになった。氏家も毎回出席した。「いわゆるオーディションで、その会に毎回参加して、才能を感じた新人歌手を番組に引っぱってきた。その中で特に売れたのが太田裕美ですね」。番組にとって良かれと思って話題の歌手を選んだのに、それが裏目に出たこともあった。「大ヒット中だった演歌の殿さまキングスや競馬の増沢騎手に番組で歌ってもらったら、あとで総合プロデューサーの青柳さんに怒られました。確かに殿さまキングスの「なみだの操」[*30]も増沢騎手の

*30　73年10月発売で、オリコン1位を獲得。74年度の最も売れたシングル曲。

「さらばハイセイコー」[31]も売れている曲だよ。でも10代が興味を示さなければダメだと」。果たして、それ以来大人の男女による恋模様を歌い上げる演歌歌手は、全くといっていいほど出演していない。

番組が好調なことを聞きつけた芸能事務所やレコード会社からの売りこみも、とても多かった。「わが社の新人歌手を使ってくれと頼まれると、半分以上は断れなかった。先方にはなにかと世話になっていたり、義理があることも多かったので。池上季実子さんが歌手デビューした時は、親代わりだった人気劇画家の梶原一騎さんから直接、売りこみがあり、番組で歌ってもらいました」。出演する新人歌手の選び方について、青柳プロデューサーには信念があった。番組制作の一部を渡辺プロ、ホリプロという大手芸能事務所が担っていたが、自社の新人歌手は、別の制作会社が担当する曜日に出てもらうよう心がけたのだ。そうしないと、出演歌手の顔ぶれに新鮮さが薄れ、広がりが出なくなるというのである。

では、なぜ日音は『ぎんざNOW!』に対して、これほど深く関わったのか。その背後にはビジネス上の仕組みがあった。

まずは番組から生まれたヒット曲、および番組で繰り返し歌われた曲の音楽出版権を調べてみた。すると、そのほとんどを日音が所有していることが判明した。主な楽曲は、清水健太郎の「失恋レストラン」、ずうとるびの「みかん色の恋」、レイジーの「赤頭巾ちゃ

*31　75年1月発売でオリコン4位。歌った増沢末夫は、人気競争馬ハイセイコーに乗った騎手。

んご用心」、フィンガー5の「学園天国」、Charの「気絶するほど悩ましい」、ハリマオの「ヤング・イン・テレサ」、クールスの「紫のハイウェー」などである。

一般的に音楽出版権を保有する企業は、レコード会社やアーティストの所属事務所などと契約を交わし、CDが売れるほど、その枚数に応じて売り上げ金の一部が入ってくる。ここで注目すべきは、日音がTBS傘下の企業であることだ。つまり日音が音楽出版権を持つ楽曲を、親会社のTBSは、テレビやラジオで優先的に放送するのである。特にそのころのテレビは、マスメディアの中でもっとも影響力があったので、楽曲が繰り返し放送されるほどレコードも売れた。この音楽ビジネスの仕組みが、そのまま『ぎんざNOW！』にも応用されたのだ。こうした方法は今では音楽、放送、芸能の世界で普通に行なわれているが、この番組はその先駆けだったのである。

出演するたびに女性ファンが殺到した郷ひろみ

月曜担当の吉村隆一プロデューサーは、少ない制作予算をやりくりする中で余裕がなくなり、やむなく出演料の安い歌手ばかりを番組に呼んだ。すると次の日に、青柳プロデューサーが烈火のごとく叱りつけた。「なんだ、あのキャスティングは！　もっと有名な歌手を出せよってね。そういう見え見えの手口はすぐに見抜かれるから、ぼくらスタッフはがんばるしかありませんでした」。新人歌手は、少しでも自分を売りたいから喜んで番組に出演した。だが、トップアイドルは仕事が多忙で出演料も高いために、なかなかスタジオに来てもらえない。各曜日の担当プロデューサーは頭を痛めた。「なによりも曜日ごとの競争に勝つには視聴率を取らないといけない。だから、時々ですが売れっ子のアイドルに出てもらいました。マネージャーを拝み倒して、少ないギャラで承知してもらってね」(吉村)。交渉術に長けていることも、テレビのプロデューサーには不可欠な能力なのである。

金曜担当の氏家プロデューサーによると、超売れっ子アイドルが番組に出演する場合は、スタッフの段取りがふだんとは異なったという。「とにかく彼らは忙しいので、局から局へ移動する途中で銀座テレサに寄ってもらい、1曲歌ったら、すぐ次の仕事場へ送り出した。だから本番前のリハーサルも、本人の代わりにマネージャーにやってもらったり」。近くにテレビ局がいくつもある都心の銀座という場所から、『ぎんざＮＯＷ！』は毎回生放送していたが、そうした地の利が、番組に味方してくれたのである。また氏家プロデューサーは、多忙を極めて疲れぎみのアイドルたちが、番組で気持ちよく歌ってもらえるように、ある工夫をした。「そのころの若い歌手は、みんなハンバーガーが好きだった。そこで、テレサのそばにあるマクドナルドで買ってきて楽屋に差し入れすると、みんなうれしそうに食べてくれましたよ。さらにコーラも付けると、ますます機嫌が良くなったり」。

10代はファストフードが好物というのは、昔も今も変わらないようである。

当時10代の女の子に一番人気があったアイドルといえば、野口五郎[*32]、西城秀樹[*33]、郷ひろみ[*34]の「新御三家」である。もちろん彼らも、回数は少ないが番組に出演している。しかもその時期は、番組が始まってからの3年間に集中しており、その回数は、わかっているだけで野口が14回、西城が27回、そして郷がもっとも少なくて7回である。

とりわけ郷が出演した日は、生本番のずっと前から女性ファンがテレサに殺到して、毎回大変なことになった。氏家プロデューサーも、現場を仕切る際に細心の注意を払った。

「どこで情報を知ったのか、テレサの前はものすごい人だかりだった。ある時、何かの拍子に女の子が押されて倒れてしまい、看板に頭をぶつけてしまった。幸い大事にはならなかったが、反省の気持ちを表すために、頭を丸刈りにして1週間謹慎しました」。警察にも大目玉を食らった。「ファンの女の子たちは学校帰りにテレサへ集まるから、みんな制服のまま。しかも友だちと連れ立って来るから、よくしゃべるし、すごく目立つ。それで最寄りの築地署から怒られたこともありました。君たちが学生を堕落させているんだって」。ほかの曜日のスタッフもしばしば築地警察署から呼び出されたが、これも、スタジオが銀

「寒い夜明け」。発売は1976年11月で、マンガ家の楳図かずおによる歌詞がシュール。

＊32　56年生。71年5月に「博多みれん」でデビュー。70年代には「甘い生活」「私鉄沿線」などがヒット。

＊33　55年生。72年3月に「恋する季節」でデビュー。代表曲は「愛の十字架」「ＹＯＵＮＧ　ＭＡＮ」ほか多数。18年没。

＊34　55年生。72年8月に「男の子女の子」でデビュー。「よろしく哀愁」「2億4千万の瞳」ほかヒット曲は数知れず。

座という繁華街のド真ん中にあるがゆえだった。

　また司会のせんだみつおも、郷ひろみには忘れられない思い出がある。

　郷が出演するとあって、その日も大勢の女子学生が銀座テレサに集まってきた。しかもまだ朝の9時である。ほとんどの子が学校をずる休みして、現場に来ていた。スタジオで観覧するためには、整理券をもらわなくてはいけない。だがその枚数は少ないので、入手するには1秒でも早く現場に来る必要があったのだ。

　夕方5時30分。彼女たちの歓声に包まれる中で、生放送が無事に終わった。ところがテレサの入り口をファンがふさぎ、郷が外へ出られない。番組スタッフと郷のマネージャーが相談し、黒塗りのハイヤーを会場から少し離れたところに停めておき、郷は裏口から出て車まで走ることにした。すると次の仕事場へ行こうとするせんだを、郷が見つけた。「せんださんも一緒に行きましょう！」。そこで、一緒に裏口からこっそり外へ出たがファンの女の子に見つかり、さらに大勢が駆け寄ってきたので、郷と一緒にハイヤーに向かって慌てて走り出した。「郷さんは足が速いから、どんどん走っていく。私は徐々に遅れ、気がついたらファンの女の子たちが追い付いて一緒になって走っていた。郷さんはもう車に乗り込んでいる。マズイ。このまま行ったら、車が取り囲まれちゃう」（せんだの著書『モグリでタレント20年・ナハナハハナハ!!』より）。その瞬間、ハイヤーが勢いよく走り出し、せんだは置き去りにされた。「ファンの女の子が来たから危ないからなんだろうけど、その場に残された私はどうなるんだ。ところが、ファンの女の子たちは私を無視して「あぁ、ひろみがいっちゃった。解散、解散」だって（笑）。オレだってせんだみつおだぞ！　だけど郷さんのファンの女の子たちには全然眼中に入らないんだな。あのときは情なかったなぁ」（前掲書より）。大勢のファンが放送前に銀座テレサの周りに集まったり、一斉に黄色い歓声を上げるために、地元の人たちの一部は眉をひそめていたという。

コンテスト企画で落とされた新人時代のユーミン

日音制作の火曜日に、「みんなで選ぶ明日のスター」というコーナーが73年10月に始まった。新人歌手が持ち歌で競い合い、審査を務める音楽業界人たちの判定を受けて、勝ち残っていくという企画である。このコーナーについて番組スタッフに尋ねると、みんなが真っ先に同じ思い出を語り出した。売れる前の荒井由実、現在の松任谷由実[*35]が出演して歌ったものの、なんと1週目で落とされたというのである。時期としては彼女が初めてのコンサートを開く直前で、彼女が20歳のころである。おそらくテレビ出演はこれが数回目で、この時点では、まだ全国放送の番組に出たことはなかったようだ。「みんなで〜」への出演とほぼ同じ時期に当たる、73年12月9日に放送されたＴＶＫテレビの『ヤング・インパルス』に、フォーク歌手のケメ、ロックバンドのゼロ座標と共に出演しているが、この音

＊35　54年生。72年にデビュー し、以来38枚のスタジオ録音アルバムを発売。そのうち10枚が１００万枚以上を売り上げた。結婚を機に、姓を「松任谷」に変えた。

楽番組も放送は関東地区のみだった。

「みんなで〜」に挑戦したユーミンは、73年11月に第2弾シングルとしてレコード発売した自作の「きっと言える」を、カラオケで歌ったらしい。この番組でアイドルが歌う場合、ほぼ例外なく伴奏のみのカラオケを使っていたので、ユーミンもその方法に従ったのだろう。当日の担当だった氏家プロデューサーも、その時のことを鮮明に記憶していた。「審査員は有名作曲家やオリコンの小池聡行社長、それに各レコード会社のディレクターたちもいたかな。ユーミンが落とされた理由は、ひと言でいえば、ルックスが良くないから。まさか、のちにあんなに売れるとは……」。そのころのユーミンは、見た目の可愛らしさで勝負する「アイドル」ではなかった。今から思えば番組に出たこと自体が場違いだが、まだ実績がない新人だったので、仕事を選べる立場にはなかったのだろう。

担当の高木鉄平ディレクターはその後、80年代の初めに彼女のコンサートを中継収録する機会があり、すでに売れっ子になっていた当人と久しぶりに対面した。「その時の映像は、のちに『ユーミンVISUAL』[*36]の題名でビデオ発売されたけど、収録の際に、ユーミンに「みんなで〜」のことを尋ねてみた。ぼくにとっても思い出深い出来事でしたから。すると彼女の反応は、覚えているようなそうでないような感じで。彼女はそういうコンテストで一所懸命歌うタイプではなかったから、記憶が薄いのかも知れないですね」。TBSのアナウンサーで、入社1年目に火曜日の司会を任されたのが松宮一彦である。彼が番

*36　82年、83年発売の計2種類あり。

オリコン1位に輝いた「あの日にかえりたい」。ドラマ『家庭の秘密』の主題歌で、1975年10月に発売。

組5周年記念の回に出演した際に、「この番組で、あのユーミンが1週目で落とされたんですよ」と、少し強い口調で語っていた。ユーミンの大ファンで知られた人だけに、この事件に何か釈然としないものを感じたのだろうか。

ユーミンと『ぎんざNOW!』は相性が悪かったようで、彼女はほかにも災難に見舞われている。酒井孝康ディレクターも、その事件をはっきりと覚えていた。「彼女がまだ新人歌手だったころ、「今週の唄」として毎日番組の最後に、新曲を週に5回歌ってもらった。ところがぼくが担当した日に、人気コーナーの「ヤング白書」が長引いてしまい、番組のおしまいでユーミンが歌い出したとたん、放送が終わってしまったんです」。こうした形で歌や演奏が尻切れトンボで終わることは、この番組では日常茶飯事だったが、歌手にすれば悔しい出来事だったはずである。

ユーミンは72年に「返事はいらない」でレコードデビューしたが、しばらくヒット曲に恵まれず、3年後に「ルージュの伝言」と「あの日にかえりたい」が売れて、初めて一般大衆の支持を集めた。青柳プロデューサーは、売れっ子になっていたユーミンに、久しぶりに番組に出てもらおうと思い立った。「当時の彼女は、ほとんどテレビに出なくなっていましたが、所属のレコード会社に頼みこんで出演してもらった。ところが本番中に臨時ニュースが入ってね。しかも、それが運悪くユーミンが歌っている時で、歌の途中で画面がニュースに切り替わってしまった。のちに彼女から冗談っぽく言われましたよ。私がテレビ嫌いになったのは、青柳さんのせいだよって」。「テレビ嫌いになった」というのは軽い冗談とも受け取れるが、ユーミンがその後、テレビではほとんど歌わず、レコード制作とコンサートに力を入れたことは動かぬ事実である。

どうもテレビ出演には良い思い出がなさそうなユーミンだが、本人はどう感じているのか。29歳になった彼女が書いた初の自伝本『ルージュの伝言』によると、新人時代は悩みが多く、所属するレコード会社への不満もあったらしい。「『コバルト・アワー』[*37]のあとはずーっと出さなかったの。この辺からいきなり売れて、会社ともめ出して、アルファ不信みたいのに陥って、ずっとレコードつくんなくなっちゃった。（中略）なんか、馬車馬のように働かされてる、みたいな被害妄想があったの」。自らの意志とは関係なく「馬車馬のように働かされてる」と感じた仕事の中には、この番組も含まれているのだろうか。

「動くユーミン」を初めて目撃したのが『ぎんざNOW！』である。ホットパンツを履いて両方の足をあらわにした彼女が、軽快に踊りながら「ルージュの伝言」を歌っていた。その姿は、あれから40年以上経った今でも、まぶたの裏側に焼きついている。あの時の彼女のとても楽しげな表情からすると、とても「テレビ嫌い」とは思えないのだが。

＊37　75年6月に発売された3枚目のアルバム。自身初のヒット曲「ルージュの伝言」を収録。

初出演と同時にバンドが解散した矢野顕子

ユーミンと同じころに頭角を現してきた、シンガーソングライターの矢野顕子[*38]もこの番組に縁がある。

彼女はその個性的な感性が評価されて、初アルバムを作るためにスタジオで録音するも、レコード発売には至らなかった。だが、彼女の才能を買っていた関係者が矢野と男性三人組のバンドを組ませて、「ザリバ」というグループを作った。さらに歌謡界を代表するヒットメーカーの筒美京平に曲を書いてもらい、74年4月に「或る日」という曲をレコード発売。直後に、ザリバはその曲を引っさげて番組に初登場し、矢野はピアノを弾きながらこの曲を歌った。ところが、この即席グループはすでに解散が決まっており、出演した直後に、予定通りメンバーそれぞれが別の道を進むことになった。自身で曲が作れる矢野にすれば、他人が書いた楽曲を歌うことについて心穏やかではなかったのだろう。彼女はザリバのメンバーとして『ぎんざＮＯＷ！』に出演したことを、16年放送のＮＨＫ『名盤ドキュメント』で淡々と語っていた。あれから45年が経った今も記憶しているということは、やはり少しほろ苦い思い出なのかも知れない。

＊38　55年生。76年7月に初アルバム『ジャパニーズ・ガール』を発売。ＹＭＯのサポート、「春咲小紅」のヒットを経て、活動の拠点を米国に移した。

コラム

銀座テレサが産んだ「テレビ界のゲリラ」たち②

さらに番組からヒット曲も生まれ、左とん平の「ヘイ・ユウ・ブルース」、金井克子の「他人の関係」などが評判を呼んだ。

結局、番組は善戦して1年半続いた。その後を受けて74年4月から始まったのが『テレサG』で、これも健闘して1年半放送された。ここでも『ぎんざNOW!』のスタッフが数多く参加し、時には来日中の海外ミュージシャンも生出演した。75年4月8日に登場したコモドアーズなど。司会者の顔ぶれは『ぎんざ～』と同じく雑多で、日替わりで落語家の古今亭志ん朝、三遊亭円楽（先代）、俳優の二瓶正也、芸能評論家の鬼沢慶一、ナレーターの芥川隆行らが務めた。

その後番組『ぎんざ11・30』は75年10月に始まったが、こちらは半年で幕を下ろした。当時の深夜番組には、ほかの時間帯に比べて表現の自由があったが、その中でできることはやり尽くしたのである。その後『特集・日本の歌』『ラストOHダー』を放送したのち、TBSは深夜番組から撤退した。

平日だけでなく土曜日にも、銀座テレサから放送された番組があった。『土曜テレサ』は74年4月開始で、夜11時15分から12時までの放送。制作は初期の『ぎんざNOW!』にも関わったテレビマンユニオンで、ゲスト出演者の多彩な顔ぶれ、意外性のある競演に魅力があったが、惜しくも半年後に終了した。

それから土曜の昼12時台には、76年10月から『レッツゴー銀座』を半年間放送。その後番組が『ハッスル銀座』で、77年4月から2年間続くヒット作となった。主演は俳優の西田敏行と歌手の松崎しげるで、二人とも売れっ子になる少し前だった。番組最大の名物が両名による即興ソングで、松崎のギター演奏も、それに乗せた西田の歌も、すべてその場の思いつきだった。ふだんから仲良しで、よく遊んでいた二人だからこそできた至芸である。

また平日の午前中には、主婦向けの音楽番組が放送された。『11時にあいましょう』（78年4月～79年9月）、『11時に歌いましょう』（79年10月～82年3月）などである。加えてテレビ東京が作る番組が、銀座テレサから放送されることもあった。82年の『ヤングTOUCH』、83年の『レディス4』などがそれで、後者は銀座テレサを運営した三越の1社提供だった。

紹介した番組はいずれも低予算なので有名タレントが呼べず、スタッフは企画で勝負せざるをえなかった。注目されたいあまりに時には過激なことにも手を出したが、そうした破れかぶれの精神が最大の魅力でもあった。銀座テレサから放送された数々の番組は、大胆不敵な「テレビ界のゲリラ」だったのである。

第7章

番組に参加した一般学生たちこそ真の「主役」

10代が恋の悩みを打ち明ける「ラブラブ専科」

各曜日に話題のコーナーが生まれた『ぎんざNOW！』だが、水曜日の名物といえば、74年7月に始まった「ラブラブ専科」を真っ先に思い出してしまう。内容は、スタジオに招かれた学生が自らの恋愛についての悩みを打ち明け、出演者が相談に乗るというもので、さらに相談者の恋人や友人なども登場して人間関係が浮き彫りにされる中で、みんなで解決策を探っていった。同じく10代が抱える恋の悩みなどを扱っていたことから、旺文社発行の雑誌『中一時代』『中三時代』『高二時代』などとも連携しながら、番組作りが進められた。また司会のせんだみつお、アシスタントを務めた若手落語家の桂枝八（現・桂歌春）、アイドルの太田裕美や三木聖子らも相談者の告白に真剣に耳を傾け、時には助言もした。

「ラブラブ専科」は、「若者の開放区」を目指した『ぎんざNOW！』ならではの企画であり、多くの10代が参加した。制作したのは、芸能事務所ホリプロの子会社だったホリ企画制作。[*1] 担当プロデューサーの川越博によると、スタッフは気苦労が絶えなかったらしい。番組に投書はしたものの、テレビで悩みを打ち明けるのは恥ずかしいという人が、全体の8割もいたからである。「ようやく投書してきた学生と会い、時間をかけて話し合って番

＊1　創業は69年。主にホリプロ所属のタレントが出演する映画、テレビCMなどを制作したが、87年に本体に吸収された。

組出演を承諾してくれても、本番当日にスタジオに来ないことが多かった。テレビで個人的な悩みを告白することに、最後までためらいがあったのでしょう」。そこで工夫したと語るのは、演出の佐藤木生である。「当人がスタジオに来ない場合に備えて、投書してくれた別の学生に毎回待機してもらった。それから台本に細かく段取りを書くと、学生はテレビ出演に慣れていないので、段取りをこなすのが精一杯。そこで番組の進行は、あえてゆるくしました」。教師に恋をしてしまい、告白すべきか思い悩む女子中学生。親友のボーイフレンドを好きになってしまい、友情を取るか恋愛を取るかで迷っている女子高校生……。さまざまな状況に置かれて思い悩む10代が毎回登場した。

とりわけ反響が大きかったのが、男の子を好きになれず、同性に恋心を感じてしまう女子学生の投書である。今でこそ性と身体の不一致は広く知られるようになったが、そのころはレズビアンもホモセクシャルも奇異な目で見られがちだったので、こうした投書を番組に送ること自体、勇気のいることだったはずだ。放送後、その相談者に対して、同じ悩みを抱える多くの女の子から、共感や励ましの言葉が綴られた手紙がたくさん届いたそうである。

ところで「ラブラブ専科」に登場した男女で、のちに結婚したカップルはいるのだろうか。「それは聞いたことがないですねえ。番組で悩みを告白したことが裏目に出てしまい、仲が悪くなって別れてしまったケースが多かったようです」（川越）。けんか別れした二人

水曜日の人気コーナー「シンデレラのラブサンド」。

はお気の毒だが、助言するアイドルたちの恋愛観がわかってしまうあたりも新鮮に感じられるコーナーであった。また75年6月から月に1回、番組内で「お見合い大会」が開かれ、毎回オーディションで選ばれた男女七名が参加。真剣に恋人が欲しくて出場した人よりも、一度テレビに出たかった人が多かった。さらに同年9月から「愛の告白3分間」が始まったが、これも「ラブの水曜日」というテーマに沿った企画であった。

好評だった「ラブラブ専科」が終わり、77年3月から新コーナーが始まった。「シンデレラのラブサンド」である。進行役は引き続きせんだみつお、アイドルの三木聖子、落語家の桂枝八が務めた。女性（シンデレラ）が気に入った男性（アタックボーイ）を選ぶというもので、最初に応募ハガキから選ばれた女子一名、男子二名が登場。シンデレラを真ん中に置いて、アタックボーイ二名がその両側の席に座る。お互いの顔はカーテンに遮られて見えない。司会陣が男子たちに質問をどんどんぶつけ、その答えからシンデレラは想像を巡らせて、気に入った男子を選ぶ。そして対面した後、二人でゲームに挑んで相性を確かめる。

単なるお見合い企画ではなく、女性が主導権を握るところに新しさがあった。

等身大の10代に迫った「ヤング白書」

番組が曜日ごとに内容に個性を打ち出すようになった74年7月、東京ビデオセンター[＊2]が制作していた金曜日では「ヤング白書」が始まった。『ぎんざＮＯＷ！』には珍しい、等身大の10代をとらえようとした硬派な企画である。絶えず番組全体を見渡して、そこに足りないものを加えていく。そのことを信条とした青柳プロデューサーが、ほかの曜日が娯楽路線だったことから、あえて真面目な企画を考えたのである。

その内容だが、中高校生が抱える問題を当事者がスタジオに来て生告白するもので、「スケバン」「万引き」「愛とＳＥＸ」「シンナー中毒」といったテーマについて、それぞれを数週にわたってじっくりと掘り下げた。それから池田美彦[＊3]という、背広にネクタイ、黒ぶちメガネといういかにも実直そうな中年男性が毎週登場し、「ヤングの味方・池田さん」として、道を踏み外しそうな若者たちの声に耳を傾けた。池田は大学で心理学を学び、勤め先の警視庁では、少年の非行問題についての電話相談を長いこと担当してきた。かように未成年による犯罪と真摯に向き合っている人物に、いわば「お目付け役」を担ってもらうことで、興味本位で作っている企画ではないことを広く訴える効果が増した。

＊2　通称ＴＶＣ。70年に設立され、近年はＮＨＫを中心に、ドキュメンタリー系のテレビ番組を制作。

＊3　33年生。58年に大学を卒業後、心理鑑別技師として警視庁に入る。著書は『屈折の10代』『子どもの世界が見えてくる』ほか多数。

また、司会のせんだやゲストのアイドルもしばしば意見を述べたが、本物の不良がたまに出演したために批判も多く、ＴＢＳ局内でもこのコーナーを問題視する声があった。『ぎんざＮＯＷ！』は娯楽番組と思われていたために、「ヤング白書」に違和感を覚えたのである。だが青柳プロデューサーは、局内外から聞こえる不評の声をはね返した。「『ヤング白書』は10代からものすごく支持されているという手応えがあったので、つぶすわけにはいかなかった。テレビの作り手は、いかなる時も視聴者が求めているものに応えないといけないと思うんですよ」。司会のせんだみつおも、同コーナーを非難する人間が局内にいると青柳から聞かされて、「そんなことを言っているようでは、ＴＢＳには先がない」と怒りをあらわにした。

各所で賛否両論を巻き起こしながら、「ヤング白書」は回を重ねていった。とりわけ注目度が一気に上昇したのが、ある中学生の投書だった。そこには、その生徒を教える女性教師の暴力的な振るまいが書かれていた。放送後にすさまじい数の批判の声がＴＢＳに届き、その教師が辞職に追いこまれる寸前までいったが、生徒たちが教師をかばうことで騒ぎは収まった。またある回では、有名な暴走族のメンバーが登場して世間をざわつかせたこともある。番組のアシスタントディレクターがスペクターという暴走族のリーダーと知り合いだったことから、メンバーの出演が実現したのだ。スタジオに陣取った10代の反応は毎回それほど熱いものではなかったが、投書の数は放送を重ねるごとに増えていった。

番組に登場した不良たちの声に対して、自分の意見や体験を伝えずにはいられないという思いにかられて、ペンをとったのである。そうした視聴者の反応を番組スタッフがすぐに放送で取り上げることで、さらにコーナーは活気づいていった。

司会のせんだは、このコーナーを続けることに意義を感じていた。「ヤングにとっては大切な問題であっても、社会はありきたりの、そして多くは冷たい反応しかしてくれないものです。そんな問題の当事者たちとしては、「ヤング白書」の場は、たいへんな救いだったはずです」（番組関連本『ザ・青春大討論』より）。画面に映るせんだはいつもおしゃべりで、冗談が好きで、ちょっと軽薄でスケベな印象だったが、「ヤング白書」に臨む時だけはそうしたイメージを自ら封印し、若者たちと真剣に向き合ったのである。また相談員の池田美彦は、「ヤング白書」で10代の素顔に接して、強く感じたことがあった。それは「校則や生徒会などの問題をはじめ、学校生活に関する不満や訴えが多かったこと、そしてスケバンや万引きなどの非行問題で関心を集めたこと、さらに「乗り物で子どもに席をゆずるか否か」とか「終戦記念日特集」に見られたヤングの社会的な主張などであった」（前掲書より）。池田はいつも分け隔てなくすべての10代に寄り添い、彼らが胸に秘めた本音を、できるだけ誤解されないよう視聴者に伝えることを心がけていた。「ヤング白書」の良心、そう呼ぶのにふさわしい存在だったのである。

企画の狙いを演出の酒井孝康に尋ねた。「「ヤング白書」は何が悪で何が善かを安易に決めつけたり、その場で結論を出すのが目的ではなく、視聴者に考えるきっかけを与えたかったんです」。確かに番組に出演した学生たちは常識外れで、その物言いも行動も模範的とは言えず、世間から冷たい視線を浴びてもやむを得なかった。だが司会のせんだもお目付け役の池田も、まず彼らの本心を引き出すことに集中し、彼らの発言に対して批判や説教めいた言葉は口にしなかった。すべての判断を視聴者にゆだねたのである。

「ラブラブ専科」や「ヤング白書」のような10代の悩みを取り上げる企画は、その前から深夜ラジオや雑誌で盛んに行なわれていたが、それをテレビで大々的に行なったところが斬新だった。と同時に、音楽や笑いといった娯楽色が強い『ぎんざＮＯＷ！』にあって、10代の偽らざる本音を感じ取ることのできる貴重なコーナーでもあった。

新企画「ザ・青春」と映画監督の塚本晋也

77年2月に「ヤング白書」が終わり、2ケ月後に「ザ・青春」が始まった。ある一つのことに情熱を注いでいる10代を毎回一人取り上げ、密着取材を通してその人の暮らしぶりや人間性に迫るコーナーである。台本を書いた作家は二名いた。河村達樹は若手の放送作家だったが、霧生博正は異色の人物だった。本職は大企業と仕事をするコピーライターで、放送の仕事はこれが初めて。知り合いだった金曜日プロデューサーの鈴木克信から声をかけられて、番組に参加したのである。

このコーナーで紹介された人物の中には、競馬の女性騎手の先駆けとなった土屋薫[*4]、カーレーサーの鈴木亜久里[*5]ほか、のちにその分野で輝かしい記録を残した若者も多かった。

映画監督の塚本晋也[*6]もその一人である。

塚本は60年、東京生まれ。幼いころから絵を描くのが好きで、中学に入ると仲間たちと８ミリ映画を撮り始め、そのうち２作品が日本テレビ主催の映像コンテストで入賞するなど、その才能は映像の専門家からも評価されていた。「なにしろ昔の話なので記憶があいまいですが、ぼくの映画に出てくれた女性の中に『ぎんざＮＯＷ！』関係者の知り合いがいて、そのつてで番組出演の話が来たと思うのですが」。ちょうどそのころ、17歳の塚本少年は、通算５作目の『地獄町小便下宿にて飛んだよ』を撮り終えた直後だっ

金曜日名物の「ザ・青春」。前列は司会のせんだみつお（右）と小堺一機。

＊４　58年生。20歳で騎手免許を取り、勝ち星を積み重ねた。その後、活動の場を米国に移し、92年に引退。

＊５　60年生。12歳でカートレースに初挑戦し、６年後に全日本選手権で優勝。その後、日本人二人目のＦ１レーサーに。

＊６　60年生。大学を卒業後、ＣＭ制作会社勤務を経て映画監督の道へ。代表作は『六月の蛇』『野火』などで、俳優としても出演作が多い。

た。「テレビに出るのは『ぎんざNOW！』が初めてだった。『地獄町』を宣伝したいという気持ちもあったし、幼いころから見るのが大好きだったテレビに出演することにも興味がありました」。番組スタッフが映画作りに励む塚本の日常を撮るために、16ミリカメラを手に都内にある自宅を訪ねてきた。「取材の最後に、近所の踏み切りでちょっとしたイメージ映像を撮ってもらった。『地獄町〜』の出演者たちにも来てもらい、みんなでリヤカーを走らせたのですが、あの映画に関連する映像でした」。『地獄町〜』は8ミリ映画としては異例の、上映時間が2時間もある自身初の大作で、夭折する画家の物語である。上映したら観客の多くが感動し、涙を流したという。

77年6月24日、塚本を取り上げた「ザ・青春」が放送された。新聞のテレビ欄には「乞うご期待！怪傑8ミリマン」の宣伝文句が躍っていた。スタジオには本人も招かれて、司会のせんだから映画作りなどについて質問を受けた。「それまでにぼくが撮った4本の映画から、自分で編集したダイジェスト版も放送してもらいました」。担当ディレクターの酒井孝康に尋ねると、塚本少年のことをよく覚えていた。「自宅で話を聞いた時には、特に才気は感じなかった。でも、情熱を込めて映画を作っていることはひしひしと伝わってきたし、石にしがみついても最後までやり通すという、意志の強さも印象に残りました」。塚本と同じく酒井も根っからの映画好きということで、取材の合い間に、黒澤明が監督した映画などについて雑談した。

塚本の映画愛に心打たれたのか、酒井は彼を追いかけた「ザ・青春」を珍しく2週にわたって放送している。「あの取材で一番覚えているのが、塚本さんのお母さんですね。映画作りにのめりこむ息子の将来を心配して、ぼくに聞いてきたんですよ。息子は将来、映画で食べていけますかって。答えに困ってしまってね。だって大丈夫、食べていけますよ、なんて無責任なことは言えないし」。のちに塚本が映画監督として世に出たことに気づいたのは、彼の名を一躍知らしめた『鉄男』[*7]という作品だった。「ザ・青春」への出演から12年が経っていた。「感慨深いものがありましたが、まず頭に浮かんだのが彼のお母さんでした。息子の活躍を見て、ほっとされているだろうなって」。「ザ・青春」の最終回では、それまで紹介してきた若者たちから視聴者の反響が大きかった三名が選ばれ、生放送中に出演した。その中にはカーレーサーの鈴木亜久里、そして塚本晋也も含まれていた。

F1レーサーの鈴木亜久里も少年時代に出演

その鈴木亜久里を取り上げたディレクターが、高木鉄平である。「友人のつてで彼のことを知り、密着取材させてもらった。当時彼は17歳で、ゴーカートのレースに賭けている無名の少年だった。いずれはF1レースに出てチャンピオンになりたいと、夢を語っていたのが印象に残っています。その夢を彼は叶えたのだから、すごいですよね」。いつかは

*7　全身が金属にむしばまれていく男（田口トモロヲ）の恐怖を描いた。89年公開。

ドキュメンタリーを撮りたいと願っていた高木にとって、「ザ・青春」はとても充実した仕事になった。なおこの時に撮った映像は、77年10月21日に「翔べ！サーキットの17才」という題名で放送されている。

「ザ・青春」に登場した若者たちはみな魅力的だったが、番組を見ていたごく平凡な学生にとっては、彼らは確かに尊敬はできるが、遠い存在に思えたりもした。果たして今の自分には、彼らのように情熱を注げるものがあるのか。たぶん、ない。そうした思いが彼らとの距離を生んでいたのである。それに比べて「ヤング白書」により親しみを感じたのは、世間から「不良」のレッテルを貼られて肩身の狭い思いをしている10代も、同世代の誰もが感じるような悩みを抱えていると気づかされたからだ。「不良」に対する見方を大きく変えてくれた、実に画期的な企画だったのである。

「ヤング白書」も「ラブラブ専科」と同じように、スタジオで本音をさらけだしてくれる10代を見つけるのに、毎回とても苦労したそうである。不良がテレビで顔をさらして思いのたけを語れば、誤解されたり、良識派の大人から叩かれる危険があるからだ。そこで担当プロデューサーの鈴木克信はひらめいた。「10代が抱える悩みや彼らの関心事をいち早く知るには、10代の「組織」を作るのがもっとも有効だと考えました」。果たして鈴木の呼びかけで、75年7月に、視聴者の中高校生から選ばれたグループが結成された。NOW特派員クラブ、通称NTCである。

番組視聴者で組織されたNOW特派員クラブ

まず六百名の応募者から八十名が選出され、以後、毎年会員を募った。その数は年々増え、千三百名にまでふくらんだ。高校を卒業すると退会するのが決まりだったが、その後もOB会員として会の行事などに関わる人も少なくなかった。

銀座テレサで行なわれた部活動発表会（1976年8月27日）。会員たちが鉢巻き姿で登場した。

事務所は、銀座テレサの横にあるビルの6階に置かれ（住所は銀座4―7―11　千歳ビル）、学校の授業が終わると制服姿の会員たちが駆けつけた。金曜日には毎週NTCのコーナーが設けられ、会員が出演してテーマごとに報告を行なったり、ほかの曜日にもしばしば出演して、若者たちの「今」を伝えた。またNTCは、TBS主催の東京音楽祭にも関わった。新人歌手に贈られる「シルバーカナリー賞」の選考に協力し、複数の候補曲が録音されたカセットテープを大量に作ってNTC会員に配り、気に入った

合宿時に舞台上で盛り上がる会員たち（1977年8月、千葉県・行川アイランドにて）。

曲を選んでもらったのだ。参加人数は四百校、二万人にのぼった。さらに夏休みには泊まりこみの合宿を実施したり、社会貢献の活動を行なうなど、企画の内容がどんどん広がっていった。

鈴木プロデューサーは、「ヤング白書」を始める際に警視庁勤務の池田美彦に声をかけて出演してもらったように、ＮＴＣにも「お墨付き」を得ることが必要だと考えた。テレビ番組が一般学生を集めて組織を作るという、前例のない試みを成功させるためには、頼りになる後ろ楯が欲しかったのだ。さっそく師と仰ぐ総合プロデューサーの青柳脩に相談した。「すると青柳さんが、「ヒゲの殿下」にＮＴＣの名誉会長をお願いしたらどうか、と言ったんです」。「ヒゲの殿下」とは三笠宮寛仁親王[*8]のことで、皇室の一員でありながら、その型にはまらない発言や行動が多くの国民に愛されていた。だが青柳は、ヒゲの殿下とは面識がなかった。提案は単なる思いつきだったが、鈴木プロデューサーはすぐさま行動に出た。「まず宮内庁に連絡して担当者と会い、こちらの要望を伝えた。主旨は理解してもらえましたが、最終的に断られてしまった。そちらの申

＊8　46年生まれで66歳で逝去。25歳で書いた『トモさんのえげれす留学』ほか計4冊の著書がある。

NTCは書籍やレコードも企画制作。LP『ぎんざNOW！』(左)は、各曜日の人気コーナーを出演者がしゃべりと音楽で再現。書籍『ぎんざNOW！』(左下)は番組の過去と現在を記したもので、『ヤング白書 ザ・青春大討論』(下)は金曜名物の同名コーナーを詳しく紹介している。

し出を受け入れてしまうと、その後、同じような依頼があっても断ることができなくなるから、というのがその理由でした。残念な結果でしたが、先方は誠実に対応してくれました」。前例があろうがなかろうが、そんなことは関係ない。思い立ったら、脇目もふらずに実現に向けて突っ走るのが鈴木プロデューサーなのである。

アメリカ、シンガポールほか4回も行なわれた海外取材

ＮＴＣの活動は海外にも広がった。特派員を各地へ送りこみ、帰国後に彼らが自ら説明しながら、現地の様子を数回にわたって放送したのである。第１弾[*9]は１期生の菅谷正浩、森愛美子が建国２００周年で沸くアメリカに２週間滞在。第２弾[*10]ではシンガポールを鈴木弘明、吉野ひとみが訪れ、第３弾[*11]ではＯＢ特派員一名が香港に飛んだ。

そして第４弾として77年８月末から10日間メキシコに赴いたのが、芸能部の高綱康裕、17歳の２期生である。体を壊してクラブ活動をやめた直後、自宅のテレビでたまたま見た『ぎんざＮＯＷ！』に興味を持った。「もともと目立ちたがりの面もあったので、特派員クラブに参加しました」。最初はアンケート集めなどを担当し、76年の秋に初めて番組に出演した。「自宅近くの吉祥寺へ出かけてレポートをやりました」。その後も巻きこまれる形で、いろんなことをやった。「学校の授業が終わると、すぐ銀座テレサへ飛んでいくとい

＊９　76年４月に４週連続で放送。
＊10　77年４月に４週連続で放送。
＊11　77年６月に３週連続で放送。

う生活だった。ＮＴＣは全員ボランティアでしたが、必要な交通費だけは出してくれました」。ほどなくしてメキシコ取材[＊12]の大役を任された。「海外旅行はこれが初体験で、同行したのは、プロデューサーの鈴木克信さんとカメラマンだけ。人手が足りないから、ぼくも三脚などの撮影機材を運びました」。とりわけ苦労したのが、マヤ文明のピラミッドへ向かう道中だった。「草木が生い茂るジャングルをジープで移動したんですが、ぬかるんだ泥道にタイヤがはまって何度も立ち往生。それからその道中で車の天井に巨大なハエを見つけたら、同行した現地のガイドが怖いことを言うんですよ。噛まれると死ぬから動くなって。泊まったホテルの周りも毒グモ、毒ヘビがいるジャングルで、絶対に中に入るなと言われました」。石積みのピラミッドに到着すると、その頂上まで駆け登ってＮＴＣの旗を立てた。また廃墟では西部劇風にガンマンのまねをするなど、ちょっとした遊びの場面もあった。高綱は「自分でも少し恥ずかしい場面もありましたね」と苦笑するが、いずれも鈴木プロデューサーの発案だという。「そういえば、ピラミッドの近くで『11ＰＭ』の取材

取材で訪米中の鈴木克信プロデューサー（左）。1976年3月撮影。

＊12　その模様は77年9～10月に4週連続で放送。

班と遭遇しましたよ」。『11PM』は日本テレビの長寿深夜番組だが、そのころUFOを始めとする超常現象がブームになっていたことから、神秘的なマヤ文明の遺跡を取材に来たのだろう。

では制作費が少ない番組なのに、なぜ海外取材が実現したのか。鈴木プロデューサーがある人物と出会ったことが、そのきっかけだった。「日本航空が『ぎんざNOW!』のスポンサーになった際に、担当の千代勝美[13]さんと親しくなり、海外取材のお膳立てをしてもらいました。ありがたいことにこちらの事情を汲んで下さり、飛行機代をタダにしてもらいました。のちに千代さんはエフエム東京の社長に転身されましたが、今でもお付き合いさせてもらっています」。鈴木はまだ20代後半と若かったが、周りを巻きこむ情熱と行動力には並外れたものがあり、人望もあった。彼なくしてNTCの誕生と発展はなかった。

そのころの海外旅行といえば、まだまだ庶民にとっては高嶺の花であり、好奇心の強い10代にとっても憧れの的であった。一度テレビに出たくてNTC会員になった2期生の吉崎弘紀も、その一人である。「番組の取材で海外に行きたかったのですが、残念ながら宮崎しか連れて行ってもらえませんでした」。だが吉崎は、海外旅行とは異なることで新鮮な興奮を味わっている。金曜日の放送に毎回出ていた新人バンドを助けたことがあるというのだ。「レイジーは女の子に人気がすごくあったバンドで、いつも放送後に彼女たちがスタジオの出口に詰めかけるので、メンバーが外へ出るのもひと苦労。そこでぼくたちN

＊13　47年生。早大を卒業後、日本航空に入社。13年にエフエム東京の社長に就任した。

ＴＣの連中が、スタジオから飛び出して停めてあった車に向かって走ると、ぼくらをレイジーとかん違いした女の子たちが追いかけてきたので、そのすきにレイジーが外へ逃げたんです」。青春映画のひとコマを思わせる、スリルたっぷりの「おとり作戦」である。

武田鉄矢、楳図かずおも取材を受けた会報『ＴＯＭＯ』

ＮＴＣ会員の多くが部活動に参加し、部の数は多い時で12個もあった。そして写真部が自分たちの撮った写真を集めて展示会を開くなど、それぞれの部が独自の活動を行なった。その一つである新聞部は会報の『ＴＯＭＯ』を年に数回作り、会員に郵送した。これ以前にも、番組の情報を発信する媒体はあった。ＴＢＳの番組宣伝部が作成した、ハガキ大の小冊子『テレサＧ』である。73年1月から月に1回発行され、銀座テレサに番組を観覧に来た人たちに無料で配られた。表紙は新人アイドルの顔写真で、主にＴＢＳの新番組に関する情報が載っていた。かたや『ＴＯＭＯ』には、ＮＴＣの活動予定などを記しただけのハガキ版と、読みものの要素が強いＡ３版、計6ページの2種類があった。

後者は、番組を提供する有名企業が広告を載せるなど本格的な作りである。1号2号を編集した大熊明俊（2期生）によると、「取材と原稿書きの7割を自分でやり、残りはほかの部員が担当した」という。また巻頭インタビューには毎号有名人が登場。創刊号を飾ったカメラマンの浅井慎平以降、俳優業を始めた直後の武田鉄矢（第2号）、『まことちゃん』が当たっていた漫画家の楳図かずお（第3号）、テレビ出演も多かった評論家の竹村健一（第4号）、新進気鋭の小説家だった中島梓（第5号）、ヒット曲を連発中だった歌手の沢田研二（第6号）、総合司会のせんだみつお（第7号）、『ダメおやじ』が評判を呼んでいた漫画家の古谷三敏（第8号）が自らの青春時代を語り、誌面を通してＮＴＣの会員たちに励ましの言葉を贈った。

彼ら著名人は、鈴木プロデューサーと、彼の知人でＮＴＣの活動に賛同した編集者の星野斉、音楽プロデューサーの飯田俊らの人脈から選ばれたもので、先方に活動の意義を伝えると、謝礼なしで取材を受けてくれた。「沢田研二さんの場合は、放送中だったＴＢＳ『ザ・ベストテン』[*14]のプロデューサーだった弟子丸千一郎さんに私が相談に行き、いろいろありましたが、なんとか彼が沢田さんのマネージャーと話をつけてくれました」（鈴木）。『ザ・ベストテン』は企画段階から青柳脩プロデューサーが関わった歌謡番組で、沢田も常連出演者の一人であった。

「ＴＯＭＯ」の第3号から最後の10号までを編集したのが、3期生の小林成一である。芸能人には特に興味がなかったので、取材に行っても緊張しなかったという。「どの相手も多忙で、もらえた取材時間はごくわずか。でも聞き手が一般の学生なのに、みなさん快く答えてくれましたよ」。評論家の竹村健一[*15]に取材した時は、思いがけず苦労した。「前もっ

＊14　78～89年放送。黒柳徹子、久米宏ほか司会。生放送ならではの臨場感あふれる演出が話題に。最高得点を獲得した曲は、西城秀樹の「ＹＯＵＮＧ　ＭＡＮ」の9999点。

＊15　30年生。大学教授から評論家に転じ、37歳で書いた著書『マクルーハンの世界』がベストセラーに。19年没。

て竹村さんについて調べていきましたが、あの時は初めてぼく一人での取材だったので、少し緊張しましたね。しかも、もらった時間はごくわずか。会ってすぐに「何分くらい、

『TOMO』第1～8号の表紙。誌名は「TOMORROW（明日）」と「友」から付けられた。NTCの活動紹介のほかに楽屋レポート、小堺一機、吉村明宏らの対談なども掲載。

しゃべったらええの」と質問され、「10分でお願いします」と答えたら、その時間内ぴったりで、こちらが知りたいことをすべて話してくれました。あれには驚きましたね」。「宇宙人は存在します」と言い切る楳図かずお、「落ちこぼれなんていない！」と熱く語る武田鉄矢ほか、どのインタビューにもその人物らしさが出ているが、質問者が興味を持ったことを素直に聞いているから、相手も気取ることなく心を開いて語ったのである。また小堺一機、吉村明宏ほか番組出身の若手タレントたちもしばしば誌面に登場したが、いずれも彼らが芸能界で売れる前の話である。

難しかったNTCと学生生活の両立

NTCの活動も、2年目を過ぎたあたりから「変化」が見え始めた。このころNTCのスポーツ部部長だった高野裕子（1期生）は、「NOW特派員クラブレポート／77年の活動報告と78年の計画について」にこう記している。「特派員クラブ＝ギンザNOWもしくはTVと以前までは思っていた。（中略）もう、ギンザNOWというものと切り離されていると思うんです。ただ番組の為に活動しているのではなく、特派員クラブあるいは自分の為にやっていることが、今回の体育祭を実行してみて、感じられたのです」。NTCは番組に奉仕するだけの組織から、各地で独自にイベントを開くなど、より自立したものへと変わりつつあった。そのことにやりがいを感じる会員もいれば、「好きなタレントにひと目会いたい」といった理由から気軽に入会した会員にとっては、物足りなさが募っていったことだろう。

ＮＴＣに期待することは会員によって異なるので、その組織を束ねる鈴木克信プロデューサーにとっても、次第にままならぬことが表面化してきた。「学校の部活動とＮＴＣ活動の時間のふりわけに悩む特派員が出たこと等々、ＮＴＣの今後の重大な課題として、のこされました。それは全て、学生生活とＮＴＣ活動の両立という「大問題」なのであり、彼らの時間活用の仕方にかかわっているわけですが、それをどう解消していけるか、むつかしい問題のようです」（前掲の資料より）。特に受験が近づくと、勉強に力を入れるためにＮＴＣの活動から遠ざかる会員が多かったという。

問題をはらみながらも精力的に活動していたＮＴＣだったが、『ぎんざＮＯＷ！』の放送終了にともない、あっけなく解散してしまった。母体である番組がなくなってしまったことで存在する理由がなくなり、運営資金も途絶えてしまったからだ。第5期生に選ばれた学生たちは、そのわずか2ケ月後にＮＴＣが活動を停止してしまったのだから、さぞかし面を食らったことだろう。会報の「ＴＯＭＯ」も第8号で幕を下ろし、その後、小林成一以下の編集スタッフが、ＮＴＣとは関係ない形で9号、10号[*16]を制作発行した。

またハガキ版の「ＴＯＭＯ」も、第20号で打ち止めとなった。そこには鈴木克信、片山

＊16　巻頭では明治製菓と組んで、同社のビスケットの景品「マクビティちゃん」という猿の人形を大々的に宣伝。

芳子ほかNTC事務局一同が会員たちに贈る、最後のメッセージが記されていた。

「これだけは忘れないで下さい。私たちNTCの和は決して崩れません。4年1ケ月という長い月日を、私たちはただムダに過ごしてきたのではなく、マスコミの世界に「青春の力」で、希望と実績という足跡を残したのです。(中略)また、いつの日か、NTCが不死鳥のように復活したとき、私たちは手をつなぎあって、今よりもっと大きな和にしよう。その日のために、会員一人一人、NTCとは、そして今までの活動は自分にとって何であったのか、考えてみて下さい」

NTCの一員であったことに、誇りを持ち続けてほしい。行間からそんなスタッフの熱き思いが伝わる文章である。

テレビ局員、放送作家、女優。会員たちがその後に進んだ道

プロデューサーの鈴木は「来る21世紀の日本を背負う10代を育てる」という理想を掲げてNTCを運営した。「鈴木さんは、幕末に私塾を作って志のある若者を育てた、吉田松陰みたいな存在でしたね」(小林成一)。きっと会員たちにとって鈴木は、もう一人の頼れる「担任教師」であり、NTCの活動は、底抜けに楽しい「課外授業」だったのだろう。また、同世代の会員同士が交流する中で友情を育んだり、恋が生まれたりした。彼らは、

まさに青春のど真ん中にいたのである。

77年8月に採択された「ＮＴＣ精神」の中に「自由・正義・独立のマスコミ文化を創造しよう」という一文があり、学校を卒業して社会へ出る際に「マスコミ文化を創造」する仕事を選んだ会員も少なくない。

メキシコ取材を行なった高綱康裕は、大学を卒業してテレビ局に入社し、数々の番組を作った。2代目会長の関根清貴（1期生）は放送作家になった。[＊17] 3期生の大口直子は、友直子の芸名で俳優としてドラマや舞台で活躍。その足がかりとなったのは、人気刑事ドラマ『太陽にほえろ！』（日本テレビ）のマスコットガールを選ぶオーディションに合格したことで、同番組に78年10月から4年あまり出演している。また会報「ＴＯＭＯ」を編集したスタッフのうち、大熊明俊は『マスコミ受験のカギ』などの本を執筆出版し、小林成一は、小説家の森浩美が企画する舞台の制作に携わっている。実はその森も、番組とは縁が深い。学生時代に自作の小説を番組宛てに送ったところ、放送作家の奥山侊伸の目に止まった。その後、彼の門下生を経て放送作家、作詞家として活躍[＊18]したのち、10代から夢見ていた小説家に転向したのである。

ではマスコミ界に進んだ彼らは、なぜその道を選んだのか。そのきっかけを作ったのは、間違いなくＮＴＣでの活動を通して番組作りに参加したことであろう。また就職する際にマスコミ以外の分野を選んだ会員にとっても、ＮＴＣで体験したことは、その後の人生に

＊17　主な参加テレビ番組は、ドラマ『部長刑事』『ファイヤーレオン』、バラエティー『モーニングサラダ』『トライアングルブルー』『瑠璃彩夢物語』『欽ちゃんの全日本仮装大賞』。

＊18　代表作は森川由加里「Ｓｈｏｗ　Ｍｅ」、ＳＭＡＰ「青いイナズマ」など。

何かしらの影響を与えているにちがいない。

05年にNTC初の同窓会がTBS内で開かれ、およそ百名が久しぶりの再会を喜んだ。彼らは現在60歳前後だが、以来、折あるごとに交流を深めている。またSNSの普及によって、音信が途絶えていた会員たちと連絡を取り合う機会も増えている。40年以上前に番組が結んだ縁は、今も切れることなく生き続けているのだ。

NTCの活躍に代表されるように、視聴者である10代の積極的な参加なくして、番組が盛り上がり、長く続くことはなかった。彼らこそ『ぎんざNOW!』にとって真の「主役」だったのである。

第8章

番組の終わりと後世のテレビ界に残したもの

総合司会者の交代、せんだの番組離脱

各曜日の企画に個性を持たせることで好調を保ってきた『ぎんざＮＯＷ！』だが、放送6年目の78年に入ると少しずつ勢いを失い、人気のコーナーが次々に終わった。

その一つが月曜日の「しろうとコメディアン道場」で、78年9月に最終回を迎えた。4年あまり続いた番組きっての長寿企画だが、演出の植木善晴（当時映像企画）も、おしまいのころは悩みが尽きなかった。「応募してくる人の数も減る一方で、明らかに勢いが落ちているとわかっていた。だが、なかなか代わりの企画が見つからず、終了の時期をずるずると先送りしてしまった。長く続いたコーナーだったぶんだけ、いつ打ち切ればいいのかを見極めるのが難しかったですね」。最高で15パーセントを取ったという視聴率も下がりぎみで、77年4月以降の平均視聴率を調べたら、振れ幅はあるものの、各曜日とも6パーセント前後だった。

さらに裏番組のアニメやドラマの再放送にも負け続きで、番組は岐路に立たされた。その原因はいくつもあるだろうが、一番大きいのは、清水健太郎以降、番組からスターが生まれなかったことだ。視聴者にとって『ぎんざＮＯＷ！』とは、テレビの世界で新たな才能と最初に出会える場所だったからである。それから自身の体験を踏まえていえば、中高

校生の番組ファンが卒業後に大学に入ったり就職することで世界が広がり、新たな楽しみが増えたせいで、彼らが「テレビ離れ」を起こしたのではないか。

さらに人気の低下に拍車をかける出来事が起きた。週に3曜日出ていた総合司会のせんだみつおが、ついに番組を離れてしまったのだ。78年10月[*1]のことである。

この時に番組の建て直しを期待されて新たな司会者として迎えられたのが、25歳の阿部敏郎[*2]だった。彼は前年に「あせるぜ！」というコミカルな曲が少し売れたシンガーソングライターで、司会はこれが初体験だった。「最初の日は大変だった。とにかくマイクを持っているのだが、今自分が何を喋っているのか、番組は今どのへんを進行しているのか、まったくわからなかった。ただ一つ確かなことは、硬直した体と、真っ赤にのぼせた顔が、不特定多数の人達のさらし者になっているということだった」（著書『芸能人失格』より）。

阿部敏郎「瞳をとじて…」。1979年8月発売の自作曲で、番組の最終回でも歌われた。

番組に出演し始めて間もないころに、司会者としては初歩的な失敗も犯した。ゲストの歌手と会話する際に、自分が話す時は手に持ったマイクを口のところに持っていったが、ゲストが話す時に、相手にマイクを向けなかったのだ。ゲストの声は阿部には聞こえたが、放送では全

＊1　この時、担当する制作会社に一部変更があり、月曜はホリ企画制作、火曜は映像企画、水曜はヤングジャパン企画に。なおヤング〜の母体は在阪の音楽事務所で、当時アリス、海援隊らが在籍。

＊2　53年生。フォークグループ「くもと空」を経て、77年にソロデビュー。

く流れなかったのである。阿部はほどなくして司会のコツをつかんだが時すでに遅く、半年後にあえなく降板している。悔しさを味わった彼はその後、俳優として日本テレビ『池中玄太80キロ』[*3]などのテレビドラマに出演したり、「あべとしろう」と改名して歌手活動を再開するなど新たな試みに打って出たが、その数年後に芸能界から退いている。

その後、総合司会の役目は、番組出身で司会の経験もある関根勤が務めたが、往時の勢いは取り戻せなかった。また、番組を卒業した後もしばしば出演したせんだみつおが、仕事が多忙なせいで病に倒れ、芸能活動を4ケ月休んだことも番組には痛手だった。青柳脩の後任として77年3月からTBS側のプロデューサーになった梅沢汎[*4]は、苦しかった胸の内を明かしてくれた。「せんださんから医師の診断書を見せてもらった。病気だからやむを得なかったが、彼が番組から抜けた穴は、予想した以上に大きかったですね」。皮肉なことに、せんだがいない『ぎんざNOW!』は、番組にとって彼の存在がいかに大きかったかを浮き彫りにしてしまったのだ。

放送7年目で迎えた最終回

ついに79年の夏ごろに番組の打ち切りが決まり、終わりを惜しむように「しろうとコメディアン道場」ほか各曜日の名物コーナーが、一度限りの復活を果たした。さらに9月23

＊3　西田敏行主演のホームドラマ。81年放送の第2弾で、阿部が報道カメラマン役で出演。

＊4　日大卒業後59年にTBSに入社し、『ヤング720』などを演出。銀座分室への異動を経て、『スター爆笑座』『ニュー・イヤー・ロック・フェスティバル』などを制作。

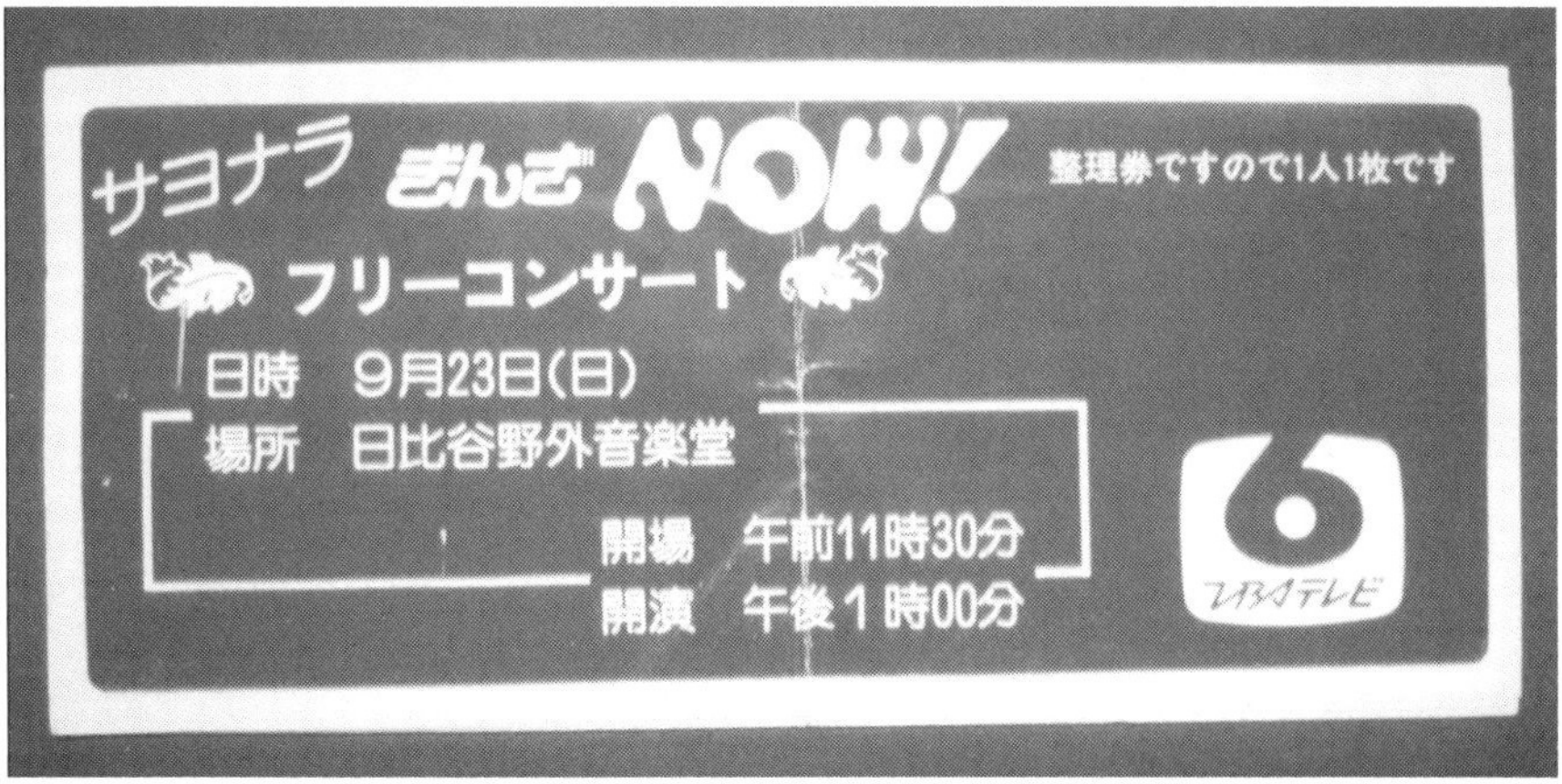

観覧無料だった「さよならコンサート」の入場券。青色の地に文字が白色で印刷されている。

日には、銀座にほど近い日比谷野外音楽堂で「NOWさよならコンサート」が開かれ、番組に縁の深い三十八組の歌手やバンドが大集合して、持ち歌を2曲ずつ披露した。観覧は無料で、当日は日曜日で学校が休みだったこともあって、三千人あまりが客席を埋めた。進行役はせんだみつお、関根勤、ザ・ハンダース、あのねのねらレギュラー陣が務めた。開演は午後1時で、休憩をはさんだ3部構成による、計7時間の一大イベントである。

コンサートは、木曜レギュラーだったシルクロードの歌と演奏から始まった。また第3部の後半では、太田裕美、清水健太郎、榊原郁恵という番組が生んだスター歌手たちがそれぞれ歌声を聞かせてくれた。その後を受けてダウン・タウン・ブギウギ・バンド、あのねのねが歌い、いよいよ宴もおしまいを迎える時が来た。出演者が全員ステージに登場して「蛍の光」を歌い出すと観客も一斉に合唱を始め、そしてコンサートは終演した。この時の模様が3回に分けて放送されたのち、79年9月28日金曜日、ついに番組が7年の歴史に幕を下ろす時がやって来たのである。

最終回も銀座テレサからの生放送であった。出演者は、歴代の総合司会者であるせんだみつお、阿部敏郎、関根勤、番組出身のザ・ハンダース（あご勇は病気のため欠席）、清水健太郎、小堺一機、吉村明宏、それからレギュラー出演していた小池聡行社長、COPE、レイジー、高見知佳、手塚理美、秋ひとみ、倉田まり子などである。番組構成は、金曜日を担当していた放送作家の河村達樹が務めた。

まずは出演者一同が、いつものように、観客たちと一緒に「ぎーんざナーウ！」と元気いっぱい声を張り上げた。ふだんはスタジオ内に置かれている椅子を取り払い、観客も全員立ったままの状態でステージに熱い視線を送っている。背後の壁には「さよなら青春！」と大きく書かれた看板が掛けられ、今日でついに番組が終わってしまうことを強烈に感じさせる。続けて各曜日の女性アシスタント、小池聡行社長、そしてザ・ハンダースが順にあいさつ。次に小堺一機らがスタジオの観客にマイクを向け、番組が終了することについて感想を聞き出した。阿部敏郎が歌う「瞳をとじて…」をはさんで、そのほかの出演者がひと言ずつあいさつ。そして番組がついに終わる瞬間が、刻々と迫ってきた。レイジーが「お前はハウジ」を演奏する途中から、番組のテーマ曲のような存在だった、ハリマオが歌う「ヤング・イン・テレサ」のテープがスタジオ内に流れ始める。すべての出演者と観客が、踊ったり手拍子を打ったり一緒に歌う中で、メッセージが画面を横切っていく。

「昭和47年10月以来、君達と共に歩んで来た『ぎんざＮＯＷ！』が今、幕を閉じる……。7年の間に成人した若者にも、今年初めて『ぎんざＮＯＷ！』に接した君にも……。『ぎんざＮＯＷ！』は常に君たちと同じ目で世界を見つめ、今を伝えて来た。『ぎんざＮＯＷ！』は幕を閉じても、君はいつも「今」を見続けて欲しい……。今が青春なのだから……！」。

軽快な「ヤング・イン・テレサ」に乗せて、さらに熱く盛り上がるスタジオ内。画面にスタッフたちの名前が流れて、ついに最終回の生放送が終わった。番組の終了を惜しむ10代たちがスタジオ内を埋め尽くし、彼らの熱気が、テレビ画面を通して肌を刺すように伝わってきた。7年間の歴史を締めくくるにふさわしい、『ぎんざＮＯＷ！』ならではの若さが爆発した放送となった。

最終回の当日、ある者は居ても立ってもいられず、銀座テレサに駆けつけた。ある者は番組終了が信じられず、テレビ放送も見なかった。ある者は大学生活が楽しすぎて、番組が終わることも知らなかった。それぞれの人が、それぞれの思いを抱きながら、番組の最期[＊5]を迎えたのだった。では制作スタッフはどうかといえば、当日の担当プロデューサーだ

＊5　最終回放送の2日後に、ＮＴＣ主催のディスコパーティーが都内で開かれ、仲間との別れを惜しんだ（場所は、新宿歌舞伎町のジャック・アンド・ベティ）。

った氏家好朗も演出の酒井孝康も、最終回に関する思い出は特にないという。「さびしさは特に感じませんでしたね」（氏家）、「感傷にひたる間もなく、気持ちはすでに次の仕事に向かっていました」（酒井）。二人の言葉は少し薄情な気もするが、それは切れ目なく仕事が続き、立ち止まることを許されないテレビマンの宿命なのかも知れない。

調べてみたら最終週の平均視聴率は4・4パーセントで、それまでの数字と大差はなかった。どんな人気番組でも、最期を迎える時にはその輝きが次第に失われていくものだが、7年も続いた番組の幕切れとしては、少々さびしいものがあった。

スタジオアルタの建設と、スタッフたちの会社設立

かくして番組は終わったが、『ぎんざNOW！』が後世のテレビ界に残したものは多い。たとえば銀座テレサを所有した老舗デパートの三越は、番組が成果をあげたことを受けて、翌80年に再び貸しスタジオを都内に作っている。新宿駅東口にあるスタジオアルタである。

このスタジオからは、その後、80年代を代表する人気バラエティー番組が次々に生放送された。漫才ブームから飛び出した若手漫才師が日替わりで番組を進行した『笑ってる場合ですよ！』（81年）。タモリの司会で31年半も続いた『森田一義アワー・笑っていいとも！』（82〜14年）。さらに番組出身の小堺一機が司会を務めた『ライオンのごちそうさ

ま！』(84〜89年)といった、フジテレビ制作の番組がそれである。

それから元スタッフたちが、番組終了後に次々に番組制作会社を設立し、その多くが現在も各局で精力的にテレビ番組を作っている。末武小四郎の「えすと」、高麗義秋の「ミュージックファーム(現エムファーム)」、大島敏明の「フラジャイル」、植木善晴の「植木商店」、池田治道の「池田屋」などである。のちにテレビ界の一翼を担うスタッフを数多く育てたことも、番組の功績と言っていい。

また惜しくものちに解散したが、鈴木克信が80年に興した時空工房も、今も放送中の『噂の！東京マガジン』ほか、主にTBSで話題の情報番組をいくつも世に送った。

ここで注目したいのが、同社が『ぎんざNOW！』と色合いが似た番組を手がけていることだ。82年10月にテレビ東京で始めた『ヤングTOUCH』[*6]である。平日の午後5時から30分間の生放送で、使われたスタジオは銀座テレサだった。司会はコラムニストの亀和田武ほかで、初回ゲストは、歌手のEPOとコメディアンの斉藤清六。通し企画は「愛の告白30秒」「なんでもアイデア発表」などで、無名の若者たちに出演の機会をどんどん与えたあたりに『ぎんざNOW！』の精神を感じた。とりわけ話題になったのが、過激なパフォーマンスが話題になっていたファンクバンドのじゃがたらが生演奏した回だった。彼らが観客として来ていた某バンドと、本番中に乱闘騒ぎを起こしたのである。ほかにも番組を宣伝するテレビCMを全編英語で作るなど、スタッフの意欲があちこちから伝わって

＊6　坂本龍一、近田春夫、三上寛らミュージシャンが考えた企画を放送したことも。演出／財尾康弘、制作／飯田俊(共に時空工房)、工藤忠義、宮川鑛一(共にテレビ東京)、構成／加藤芳一ほか。

きた。企画制作した時空工房が初めて手がけた帯番組だったが、視聴率が悪くてあえなく3ケ月で放送打ち切りとなり、同社にとって大きな痛手になった。

『ぎんざNOW!』でテレビマン人生を始めた映画監督の堤幸彦

それから『ぎんざNOW!』に駆け出しのスタッフとして関わり、のちに頭角を現した人物もいる。その筆頭が、映画監督の堤幸彦である。

55年生まれの堤は名古屋市で育ち、高校を卒業すると上京して法政大学に入った。ロックを深く愛し、社会がより良くなることを強く願う青年だった。「大学では学生運動に打ちこみましたが、途中から状況が悪くなっていった。その中で挫折感が強まっていきました」。ついに4年生の時に大学を中退し、東放学園[*7]という専門学校に飛びこんだ。この学校はTBSの関連会社で、テレビ番組を作るスタッフを養成していた。ところが堤は、幼いころから大のテレビ嫌いだった。「テレビは社会に害毒をまき散らす「くだらない箱」としか思っていなかった。そのぼくが、なぜ東放学園に入ったのか。あのころは革命運動も衰退し、目標を失って自暴自棄になっていた。ぼくにとっては「悪」でしかないテレビ番組を作る裏方なんて、いとも簡単にやれるよ、という気分だったんです」。卒業が近づ

---

*7 堤の後輩に脚本家の寺田敏雄、映画監督の大根仁、行定勲、NGT48劇場の今村悦朗らがいる。

いた。だが、ネクタイに背広というサラリーマンにはなりたくなかったし、自分がなれるとも思えなかった。となれば、テレビ業界で食べていくしか道はない。制作会社から新人アシスタントディレクター（ＡＤ）の求人募集が来たので、面接を受けた。採用されたのが、『ぎんざＮＯＷ！』木曜日の制作を請け負っていたＡＶ企画である。面接官の一人だった同社の高麗義秋は、なぜ堤を採用したのか。「面接には四人が来たが、ふだんはどんな新聞を読んでいるか尋ねたら、堤くんの答えが印象に残った。いわゆる三大新聞の一つと、左翼系の新聞の名前を挙げたんですね。経歴も変わっていたし、こいつはきっと骨のある奴だろうと思いました」。かくして堤幸彦のテレビマン人生が始まったのだった。

アシスタントディレクターはつらいよ

堤が入社したＡＶ企画の母体は、東京ユニオン、ゲイスターズという老舗のビッグバンドが所属する音楽事務所で、同社は主に日本テレビとＴＢＳの音楽番組を制作していた。22歳の堤が新米ＡＤとして最初に携わった番組が、ＴＢＳの『ぎんざＮＯＷ！』だった。ところが堤青年は、ここでも挫折を味わうことになる。「ぼくが参加した木曜日にはＡＤが三人いましたが、本番になると、ＡＤは段取り通りに番組が進行するように、スタジオ内を動き回るわけです。しかも優れた身体能力がないと、間違ってカメラに写りこんでしまう。ところが、ぼくは運動が苦手で失敗の連続。しかもミスしても、理屈ばかり並べていた。だから毎回、先輩ADに怒られたり、叩かれてましたよ」。そのころのテレビ制作の現場は過酷で、ADは日夜こき使われるのが当たり前だったが、彼らの奮闘がなければ番組制作がはかどらないのも確かだった。

堤青年はあまりにも動きが悪いために、先輩スタッフから「電信柱」という有り難くないあだ名をもらったという。このままでは足を引っ張るだけだから、周辺の仕事をやり始めた。「画面に流す字幕の準備をしたり、芸能事務所に出向いて出演歌手が使うカラオケのテープを借りたり。台本や弁当の発注と受け取りもやったし、本番中は、進行の末端でタレントの呼びこみもやった。ほかには、売れる前の小堺一機さんのマネージャーみたいなこともやりましたよ。当時AV企画で彼を預かっていたので」。先輩のADたちは、BMCという会社に所属していた。同社は73年設立のAD派遣会社で、テレビ各局が経費節減を進めていたこともあって、当時こうした会社が次々に誕生していた。「確かに先輩ADの仕事は手際がいいし、どんなトラブルもすぐに解決してしまう。でも、ぼくはそういう腕の良い職人ではなく、番組を面白くする人になりたいと思ったんです」。「番組を面白くする人」は堤の身近にいた。会社の先輩である高麗、大島両ディレクターと、担当の放送作家だった宮下康仁である。「みなさんには仲良くしてもらい今でも感謝していますが、特に宮下さんの仕事ぶりを見て、放送作家という職業に憧れたこともあります。なにしろ台本は、文字通りテレビ番組の土台であり、その番組が面白くなるかどうかは、放送作家や脚本家の腕次第ですから。でもぼくにはその才能がないと、すぐに気づきました」。同じADでもテレビ局勤務の人は、よほどの失敗をしない限り、数年後にはディレクターに昇格できる。だが制作会社に勤めるADには、いずれはディレクターになれるという保証など何もなく、ただひたすら日々の仕事をこなすしかなかった。

慣れないADの仕事を続ける日々の中で、堤が特技を生かせる場面もあった。ロックバンドが出演して生演奏する場合、メンバーやスタッフが放送前に機材をスタジオに持ちこむ必要があった。その際にいつも手伝ったのである。「ええ、楽器やアンプの設置や調整には慣れていたので。というのも、ぼくは学生時代にバンド[*8]をやっていたんですよ。海外だとイギリスのロック、日本だとはっぴいえんど[*9]が大好きで、同級生とバンドを組んで、ディープ・パープルの曲などを演奏してました」。AD生活は心身ともにきつかった。給料も安かった。だが幼なじみの女性と結婚したこともあって、ここで仕事を投げ出すことはできない。つらい日々に少しだけ希望を与えてくれたのが、大好きなロックだったのだ。「ちょうどあの時代に、それまで力を持っていた歌謡界の垣根が崩れ始めて、商業的に成功するロックバンドが次々に現れた。そうした時代の変化を象徴するのが、サザンオールスターズですよ。しかもぼくと同世代だったこともあって、彼らの活躍は励みになりました」。堤が参加した『ぎんざNOW！』木曜日には、そのサザンのほかにも、世良公則＆

＊8　17歳で「仰角360度連盟」を結成し（命名者は堤）、ディープ・パープルなどをカヴァー。アルバムも自主制作した。

＊9　70年に同名アルバムでデビュー。メンバーは細野晴臣、大瀧詠一、松本隆、鈴木茂で、日本語ロックの先駆として今も評価が高い。

ツイスト、コンディション・グリーン、RCサクセション、レイジーヒップ、レイジーといった威勢のいい日本のロックバンドが出演した。サザンのようなバンドと番組が作れるなら、テレビの仕事も面白いかも知れない。堤は自分の未来に、ほんのわずかだが明るさを感じ始めていた。

拍手三原則で「前説」の名人に

テレビの世界には「前説」という仕事がある。公開番組の収録前にADや新人の芸人が登場して、観客に向かって楽しい話をして緊張を解きほぐすのだ。本番で観客により自然に反応してもらうことを目的とした、大切な仕事である。自称「人見知り」の堤だが、意外なことに、その前説の名人だったという。『ぎんざNOW!』でも先輩ADに代わってたまに前説をやりましたが、自分では面白くやれたという実感はないかな」。だがカメラマンの池田治道は、近くで堤を見ていて異なる印象を抱いた。「ADをやりだした直後の堤くんは、このままで大丈夫かなと心配したけど、前説だけはうまかったですよ」。必ず観客に受けたのが「拍手三原則」だった。堤が実演してくれた。「みなさん、今から拍手の練習をしますよ。強く、細かく、元気よく。いいですか。ではやってみましょう！　そして観客がやった後で、こう言うんです。70点！　ダメだなーって。ここで必ず笑いが起きました」。高麗ディレクターによると、堤の前説には、ほかにも得意技があったそうだ。「途中で学生のアジ演説みたいな口調になるんですよ。激しく観客をあおるようなしゃべり方に。彼は学生運動の経験があるから、それがサマになっていてね」。堤に尋ねると当時の記憶がよみがえったらしく、声をあげて笑った。「それって、会社の宴会で高麗さんたちにやらされたんじゃないかな。いや待てよ。『ぎんざNOW!』の前説でも、何度かやったかも知れないな」。堤はその後も前説の腕を磨き、テレビ業界一の名人と自称するようになった。前説とは人の心をつかむ仕事だが、その経験が、ドラマや映画の演出家になって役立った。「役者さんに気持ちよく演じてもらうためには、本番前にどう声をかけたらいいか、そのへんのコツがすぐにつかめましたね」。人生で経験することに無駄なものは何一つない、ということだろうか。

番組の終了が決まり、日比谷野外音楽堂でさよならコンサートが開催された。堤もスタッフとして参加し、楽器やアンプの並べ替えなどに汗を流した。出演するバンドや歌手の数が多いのでへとへとに疲れたが、その中で幸せな瞬間を味わった。「それまで狭いスタジオでしこしこと番組を作っていたから、視聴者の反応を実感することがなかった。ところがあのコンサートは客席も満席だし、熱気もすごかった。『ぎんざNOW!』って自分が思ってた以上に大きな番組だったとわかって、すごく興奮しましたよ」。番組の終了後は、TBSの平日午前の帯番組[*10]や深夜の音楽番組[*11]に、ADとして携わった。そこで出会ったの

＊10　79年10月開始の『11時に歌いましょう』（チェリッシュ司会）ほか。

＊11　80年4月開始の『ザ・コンサート』（堀内孝雄、三雲孝江アナ司会）ほか。

が、新人の放送作家だった秋元康である。

ＡＫＢプロデューサーの秋元康も放送作家として参加

秋元康といえば、今や作詞家だけでなく、アイドルのＡＫＢ48の総合プロデューサーとしても有名だが、その出発点は、大橋巨泉事務所に籍を置く放送作家である。秋元は、せんだみつおの座付き作家のような存在だった奥山侊伸の門下生で、奥山がタレントの大橋巨泉[*12]が率いる事務所に在籍していたことから、そこの所属となった。そして兄弟子の河村達樹が『ぎんざＮＯＷ！』金曜日の構成を手がけていたのが縁で、台本作りに加わった。

担当プロデューサーの氏家好朗は、まだ20歳前後だった秋元のことをよく覚えていた。「構成作家の助手として、奥山さんの若い弟子数名と番組にやって来た。ところが、彼はぼくらスタッフの言うことを聞こうとしなかった。構成作家の仕事は、まずはディレクターやプロデューサーが話したことを受け入れ、もし自分のアイデアがあるのなら、台本を書く際に付け足すものなんですよ」。秋元はスタッフから「生意気」というレッテルを貼られ、ほどなくして番組から離れたという。

その少し前に、主な芸能事務所が加盟する日本音楽事業者協会のチャリティーショーが催されることになった。制作と演出を氏家と『ぎんざＮＯＷ！』のスタッフが手伝い、秋

＊12　34年生。ジャズ評論家を振り出しに、放送作家、タレント、司会者と多才ぶりを発揮した。16年没。

元が台本作りを任された。「ところが、そのショーに出演する某有名女性歌手が、出来上がった台本を読んで文句を付けたんですよ。なんだ、これは！　って」（氏家）。この時の秋元は放送作家としては半人前だったが、すでに数年の実績があった。テレビ業界の裏も表も、身をもって知っていたはずである。おそらく彼の感覚からすると、『ぎんざNOW！』の番組作りは、新鮮さや刺激に欠けたのだろう。そして自分より上の世代から反発を食らうたびに、自信を深めたにちがいない。ぼくが思いつくアイデアは、いつも新しい。だから必ず古い価値観とぶつかり、否定されるのだと。

堤はその秋元と出会って、すぐに意気投合した。「秋元さんの諧謔《かいぎゃく》精神と、ひねくれた遊び方を好むところに、すごく共感しました。それから出会ったころから才能のある人だったので、ひれ伏していたんですよ」。堤は秋元より三歳年上だが、当時も今も秋元を必ず「さん」付けで呼ぶ。かたや秋元は、親しみを込めて「堤ちゃん」と呼び、マスコミの取材を受けた際に堤について触れると、決まって「盟友」と紹介するなど、今でも強い絆で結ばれている。

秋元と堤が裏方として支えた、とんねるずが大ブレイク

それから秋元といえば、のちに彼が参加して大当たりしたフジテレビ『夕やけニャンニ

ャン』[13]（85〜87年）には、『ぎんざＮＯＷ！』の匂いが強烈に漂っていた。「テレビに出たい」「学校で人気者になりたい」といった多感な10代たちの欲望を、巧みに番組作りに取りこんだのだ。それを裏付けるように、番組の企画段階から関わり、秋元とも親しかった芸能事務所社長の高杉敬治も、一緒に『夕やけニャンニャン』を始めるにあたって「最初はやっぱりオールナイトフジと銀座ＮＯＷとスター誕生という番組をひっくるめてもってこうかと」と語っている（『よい子の歌謡曲』86年11月増刊号）。また秋元が書いた自伝的小説『さらば、メルセデス』の主人公は、彼自身と思われる帰宅部の男子高校生なのだが、その彼が、友人から「どうせ家に帰っても、『ぎんざＮＯＷ！』ばかり見てるんだろ」とからかわれる場面が出てくる。放送作家になる前の秋元は、おそらくこの番組を好んで見ていたにちがいない。

秋元は、堤と一緒にとんねるず[14]の番組も数多く手がけたが、彼らの人気が上昇するにつれて、マスコミ業界内での評価も高めていった。そのとんねるずが無名だったころに秋元と引き合わせたのも、『ぎんざＮＯＷ！』関係者だった。木曜担当の構成作家だった宮下康仁である。「秋元くんとは所属する事務所はちがいましたが、まだ若いのに、ほかの放送作家にない物を持っていると感じていた。ぼくは特にお笑い好きではありませんでしたが、日本テレビの『お笑いスター誕生！』という番組で、まだ素人だったとんねるずが演じたネタを見たら、すごく面白かった。きっと秋元くんとウマが合うと思い、彼に二人を

＊13　番組の呼びかけにより、10代の女子学生で結成されたアイドル「おニャン子クラブ」が大ブームに。とんねるずもレギュラー出演。

＊14　石橋貴明、木梨憲武の二人組で、結成は80年。名付け親は、日本テレビの名プロデューサーだった井原高忠。

紹介したんです」。大学時代にテレビ界へ飛びこみ、構成作家を振り出しに、エッセイ執筆、作詞、舞台演出と活動の場を広げていった宮下。のちにさまざまな分野に挑んでいく秋元にとって、宮下は見習うことの多い先輩であったはずである。

ちょうどそのころに、秋元、堤、とんねるずが一緒に組む仕事をもらった。依頼したのは、元『ぎんざNOW！』ディレクターの高木鉄平である。「TBSの正月特番を宣伝する番組を、彼らに頼みました。とんねるずが収録現場に出かけて出演者にインタビューするというもので、あとは彼らにすべて任せました。ところが出来上がった映像を見たら、とんねるずが騒ぎまくるだけで、全く面白くない。でも撮り直す時間がないから、編集で短くしたものを放送したんです」。だが高木は、ほどなくして考えを改めることになる。秋元と堤が裏方として支える形で売り出したとんねるずが、あっという間に売れてしまったのだ。「世間が求める笑いの質が、はっきり変わったと思いましたね。彼らが作り出す笑いは、ぼくには面白くないが、若い人には受けているわけですから」。その後とんねるずは、自らの名前を冠したバラエティー番組を各局で始めるなど、80年代のテレビ界を牽引。秋元は作詞にも力を入れ、おニャン子クラブを手始めに、数々のヒット曲を世に放った。

それから、堤もADの経験を積み重ねる中で、確実に成長していた。TBSの深夜に放送された音楽番組『サムシングNOW』[*15]を担当した時のことである。プロデューサーは当

＊15　80年4月から土曜深夜に放送された音楽番組。初代司会者は所ジョージ。

時ホリ企画制作にいた川越博だった。彼は『ぎんざＮＯＷ！』水曜日の元スタッフで、同番組の総合プロデューサーだった青柳脩から、この番組を任された。「堤くんの仕事ぶりは優秀でしたよ。ディレクターという人種は気まぐれで、言うことが突然がらりと変わることがよくある。でもＡＤの彼は、そうした状況の変化を予測するのが上手で、器用に対処していた。しかも自分のアイデアを足して、個性を出すことも忘れていませんでした」。27歳になった堤は、ＴＢＳの『街かどテレビ11：00』[✶16]で、ついにディレクターとして一本立ちした。ほどなくしてＡＶ企画を離れ、秋元康らと制作会社のソールドアウト[✶17]を設立。その後はミュージックビデオの斬新な映像演出で注目され、テレビドラマ、コマーシャル、映画、舞台と表現の場を増やしていった。

その堤が最初に組んだカメラマンが、『ぎんざＮＯＷ！』の制作現場で知り合った池田治道である。「出会ったころの池田さんは、とにかく怖かった。なにしろＰＬ学園の野球部で投手をやっていた人ですから、上下関係に厳しいバリバリの体育系なわけですよ。こっちは文化系だから、相性が良いわけがない（笑）」。堤にとって池田は、もっとも身近なカメラマンであり、経験も実力も申し分なかった。「最初に頼んだのが西城秀樹さんのミュージックビデオ[✶18]でしたが、池田さんは、いつでもぼくのイメージを上回る映像を撮ってくれた。しかもどんな編集にも耐えるだけの、いろんなアングルの映像もきちんと撮ってくれました」。池田も堤の映像感覚に新鮮さを感じた。「当時はテレビドラマにしろバラエ

✶16　82～91年放送。各地のスーパーマーケットなどで視聴者参加のカラオケ大会を開き、その模様を生中継した。

✶17　86年創業。放送作家の遠藤察男、井辺清、音楽家の見岳章らも在籍。

✶18　85年発売の「ミスティ・ブルー」。以後、池田と組んで早瀬優香子『ＳＯＵ－ＵＴＳＵ』、Reimy『マイ・サンクチュアリー』（共に86年）などの音楽ビデオや、ドラマ『フローズン・ホラー・ショー』（87年）を演出。

女性歌手アンナ・バナナの音楽ビデオ集『バナナ・ヒル』(1989年発売)。演出は堤幸彦ほかで、撮影は池田治道。

ティー番組にしろ、映像の見せ方には暗黙のルールがあった。ところが堤くんは、その決まりを承知した上で、全く異なる映像をカメラマンのぼくに求めてきた。特にミュージックビデオの仕事は、表現の自由度が高かったので刺激的でしたね」。池田はテレビ技術を請け負う会社を作り、堤と秋元の発案で社名を「池田屋」とした。

池田はのちに制作現場から退いたが、堤は池田屋所属の若手カメラマンたちと組んで、映画やテレビドラマを作り続けている。[*19] そこに共通するのは、常識にとらわれない新鮮な表現と、屈折したユーモアである。『ぎんざＮＯＷ！』でテレビマン人生を始めた時に感じた、昔ながらの番組作りに対する違和感と劣等感。それらが物作りの原動力になっているのだ。「それは今でも同じですよ。超ヒットしたテレビドラマや映画を観ても、何かちがうよなあー、と必ず思うし」。のちに大きく飛躍することになる堤幸彦も、そして秋元康も、その創作の原点に『ぎんざＮＯＷ！』が深く関わっていたのである。

＊19　主な作品はドラマ『ＴＲＩＣＫ』『ＳＰＥＣ』、映画『20世紀少年』3部作、『人魚の眠る家』など。

銀座分室の廃止、その後の銀座テレサ

『ぎんざＮＯＷ！』が通算１７８１回生放送された銀座テレサは、建設されて10年目の82年6月に、スタジオとしての役目を終えた。またＴＢＳの制作局内に置かれた銀座分室も、その半年前に廃止された。

だが、社外スタジオから生放送するという銀座分室の方式を、ＴＢＳはその後も受け継いだ。87年に、銀座に接した日比谷にあるシャンテビルの1階にスタジオを作り、そこから数々の番組を放送したのである。その中でも、89年に始めた『平成名物テレビ・三宅裕司のいかすバンド天国』[20]が音楽好きの若者に受けて、空前のバンドブームを巻き起こした。構成作家グループの一人として、宮下康仁も名を連ねていた。

その後、銀座テレサは所有者の三越がゴルフ用品売り場として使ったのち、08年に建物自体が取り壊された。今は三越の巨大な新館がそびえたつその場所には、往時を忍ばせるものは何もなく、もはや『ぎんざＮＯＷ！』という番組は、放送を見た人々および番組の出演者、スタッフの記憶の中にしか存在しない。また制作したＴＢＳにも、録画テープは数回分しか保存されておらず、どんな番組だったのか検証することも、今ではほぼ不可能である。録画して手元に残す手段がまだなく、テレビ番組は放送された瞬間に消え去って

＊20　89～91年に生放送された深夜番組で通称「いか天」。たま、フライングキッズ、ビギンほか数々の素人バンドが、出演をきっかけにレコード会社と契約、デビューした。

しまうものだった時代の宿命である。と言い切ってはみたものの、番組を愛した者の一人としては、それはあまりにも残酷な現実であり、こみ上げる悔しさと無念を抑えることができない。

「平日の夕方」という、テレビ界の本流から大きく外れたところから誕生し、当初は周りから全く期待されていなかった番組なのに、放送が7年も続いたのは快挙と言っていい。

その理由はいくつもあるが、視聴者にとってもっとも魅力があったのは、自分もテレビに出演できるのではないかと思わせるような、番組が醸し出していた自由な雰囲気と敷居の低さである。またほぼ全ての出演者が、つい先日まで一般人だった新人タレント、そして自分と同じ世代の学生たちだったことも、視聴者と番組の距離を縮めてくれた一因だ。一般人が気軽に出演することが難しかった当時のテレビ界にあって、ほとんど唯一の「開放区」だった『ぎんざＮＯＷ！』。視聴者のほぼ全員が10代で、作り手はテレビ業界では異例の20代だった。番組の原動力となったのは、いつも常識に縛られず、怖いものを知らない「若さ」だったのである。

おわりに

フリーライターの私が地元の中学校に通っていたのは、かれこれ四十五年も前になる。だが幼いころから内気で、勉強にもクラブ活動にも熱心になれず、「学校」は必ずしも居心地のいい場所ではなかった。そうしてさえない毎日を過ごす中で出会ったのが、たまたまテレビで見た『ぎんざＮＯＷ！』である。画面に登場する学生もタレントも、みな自分とほぼ同じ年令で、どの表情もキラキラと光っていた。しゃべる時も、歌う時も、楽器を弾く時も、コントを演じる時も臆することなく、実に楽しそうに見えた。自分を表現する喜びが、全身からあふれていたからだ。

そんな彼ら彼女らの姿を目にするたびに、私は励まされ、背中を押してもらった。ほどなくして、私は「ことば」を通して自分が感じたことを表現するようになり、そのことに充実感を抱くようになった。心の中をさらけだす解放感があった。さらに大学では英語を深く学び、三十代以降は、物書きのはしくれとして各所で雑文を書き続けている。改めて思い返すと、『ぎんざＮＯＷ！』は、私を導いてくれた恩人だったのである。

以前から親しい編集者の馬飼野元宏さんから五年前に声がかかり、タレントのせんだみつおさん、元TBSプロデューサーの青柳脩さんに初めて取材した。ある書籍で、その『ぎんざNOW!』を取り上げることになったからだ。とりわけ青柳さんの番組作りに注いだ情熱の強さに心打たれ、番組についてもっと知りたいと思った。馬飼野さんも共感してくれた。彼は私より若いが、小さなころから歌謡曲が大好きで、『ぎんざNOW!』もよく見ていたのである。

その後、彼が所属する洋泉社発行の雑誌『映画秘宝』にて、「幻の『ぎんざNOW!』伝説」と題した連載を二〇一六年七月号から始めさせてもらい、二〇一八年八月号の第二十四回をもって完結した。この時の連載を一部書き改め、さらに追加取材を行なってまとめたものが本書である。

先の連載を始めるにあたって、番組に関する資料を探したが、思うように見つからなかった。そこで方針を切りかえて番組関係者への取材を行ない、そこから得た証言を織りまぜて原稿を書き上げた。取材に応じてくださったのは次の方々である。

青木美冴、青柳脩、朝田卓樹、朝吹美紀（旧芸名・水野三紀）、イアン・ギラン、池田治道、植木善晴、氏家好朗、梅沢汎、大島敏明、カズ宇都宮、川越博、河村シゲル、黒沢賢吾、高麗義秋、COPPE、小林成一、酒井孝康、佐藤木生、讃岐裕子、清水アキラ、末武小四郎、鈴木克信、鈴木寿永吉、関根勤、せんだみつお、高木鉄平、高綱康裕、田口

茂、田口治、田中由美子、近田春夫、塚本晋也、堤幸彦、冨永正廣、宮下康仁、山本隆司、吉崎弘紀、吉村隆一。

以上、五十音順で敬称は省かせていただいたが、改めて御礼を申し上げたい。また朝吹さん、宮下さん、吉崎さん、黒沢さん、吉村さん、鈴木寿永吉さん、田口治さんには番組関連の貴重な資料を提供していただき、その一部を今回掲載させていただいた。なお権利処理ができず掲載をあきらめた写真も多く、それらは別の機会を見つけてお披露目できればと思う。それから連載の書籍化を快諾してくれた『映画秘宝』編集部、出版を引き受けてくださった論創社、同社を紹介してくださった脚本家の中島かずきさん、そして編集担当の森下雄二郎さん。みなさんにも感謝の念で胸がいっぱいである。

取材した番組関係者の口からもっとも数多く名前が出たのが、青柳脩プロデューサーである。青柳さんは『ぎんざＮＯＷ！』の生放送が終わると毎回スタッフを集め、その日の放送をビデオで見返しながら「反省会」を行なったが、青柳さんのダメ出しはいつも容赦がなく、しかも的確だったという。また江戸っ子ゆえに気が短いのか、怒ると言葉づかいが荒くなったり、時には灰皿が飛んできたり、先のとがったウエスタンブーツで向こうずねを蹴られた関係者もいたが、そうした昔話の数々を、どのスタッフもすごくうれしそうに語ってくれた。このプロデューサーはいつも仕事には厳しいが、みんなから愛され、信頼される存在だったのである。それは私にとっても同じで、ありがたいことに青柳さんは、原稿を書き進めるにあたって惜しみなく力を貸してくださった。

かつて銀座テレサが存在した場所には、興味深い事実がある。さかのぼること七十九年前の一九四〇年に、実業家の榎本正がその地に巨大キャバレーの「美松」を開店し、洗練されたショーや美人ホステスとの会話が楽しめる「大人の社交場」として繁盛したのだ。だが創業者は二十二年後に店をたたみ、その二年後に敷地を三越、現在の三越伊勢丹へ売却。建物は取り壊され、跡地には駐車場と雑居ビルがつくられた。そして、そのビルの二階に設けられたスタジオから『ぎんざＮＯＷ！』が放送されると、こんどは「十代の社交場」として、七年にわたって賑わった。銀座テレサがあった地は、昔から「娯楽」と縁が深く、人々を引き寄せる場所だったのである。

番組が終わってちょうど四十年目の、二〇一九年九月に

加藤　義彦

参考文献

『ぎんざNOW!』NOW特派員クラブ編　オリジナルコンフィデンス　77年
『ヤング白書　ザ・青春大討論』NOW特派員クラブ編　立風書房　77年
『コサキンの一機と勤』関根勤、小堺一機　シンコーミュージック　93年
『清水アキラのバカと呼ばれたい!』主婦と生活社　91年
『ザ・ハンダースの公然の非密』CBSソニー出版　79年
『天狗のホルマリン漬け』とんねるず　集英社　85年
『とんねるず　大志』石橋貴明、木梨憲武　ニッポン放送出版　88年
『芸人失格』松野大介　幻冬舎　98年
『必死のパッチ』桂雀々　幻冬舎　08年
『スペショル』柳沢慎吾　学研パブリッシング　09年
『ビンボー怒りの脱出!芸能界ハッヒフッヘ風雲録』吉村明宏　芸文社　89年
『ナベプロ帝国の興亡（文庫版）』軍司貞則　文藝春秋　95年
『株式会社三越　85年の記録』三越　90年
『創造する経営』岡田茂　実業之日本社　73年
『一葦の記』諏訪博　TBSブリタニカ　81年
『世界は俺が回してる』なかにし礼　角川書店　09年
『クイーン　ライヴ・ツアー・イン・ジャパン　1975―1985』シンコーミュージック　19年
『クイーンの真実』ピーター・ヒンス　シンコーミュージック　16年
『できないんです、好き以外。』中村晃　新風舎　07年
『洋楽マン列伝（1）（2）』篠崎弘　ミュージック・マガジン　18年
『紫の叫び』イアン・ギラン　音楽之友社　94年
『あんた、あの娘のなんなのさ　ダウンタウン・ブギウギ・バンドのつぎはぎだらけの青春』塩沢茂　国際商業出版　75年
『俺たちゃとことん』宇崎竜童　角川書店　81年
『暴力青春』キャロル　KKベストセラーズ　75年
『ロックの子』桑田佳祐　角川書店　85年
『ブルー・ノート・スケール』桑田佳祐　ロッキング・オン　87年
『ROLL』浦田賢一　集英社　10年
『ラッツ&スター』シャネルズ　八曜社　81年
『ポップコーンをほおばって　甲斐バンドストーリー』田家秀樹　講談社　85年
『電気じかけの予言者たち』木根尚登　ソニーマガジンズ　94年
『ドリーマーズ』パーソンズ　角川書店　90年
『あきらめない夢は終わらない』高見沢俊彦　幻冬舎　04年
『ストレンジ・ブルー』オオクボキイチ　河出書房新社　02年
『ツッパルなら勝て!』大坂英之　ごま書房　83年
『気分は歌謡曲』近田春夫　雄山閣出版　79年
『ロックンロールマイウェイ』恒田義見　uuuUPSbooks　17年
『雷神』高崎晃　リットーミュージック　15年
『日劇レビュー史』橋本与志夫　三一書房　97年
『みんな不良少年だった』高平哲郎　白川書院　77年（同書収録の上条英男インタビュー）

『風知る街角』清水健太郎　レオ企画　78年
『モグリでタレント20年・ナハ！ナハ！ナハ！』せんだみつお　東京三世社　92年
『ルージュの伝言』松任谷由実　角川書店　83年
『芸能人失格』阿部敏郎　立風書房　83年
『堤っ』堤幸彦　角川書店　02年
『さらば、メルセデス』秋元康　マガジンハウス　88年
『秋元康大全97％』エイティーワン・エンタテイメント　00年
『TBS50年史』と同『資料編』東京放送　02年
『オリコンチャートブック　アーティスト編』オリジナルコンフィデンス　88年
『日本ロック大百科・年表編』宝島編集部編　JICC出版局　92年
『ポピュラー・レコード総カタログ』音楽之友社　76年
『ライヴ・イン・ジャパン／ロック感動の来日公演史』シンコーミュージック　95年
『モーレツ！アナーキーテレビ伝説』洋泉社　14年

「商店建築」72年12月号　新店舗紹介／銀座テレサ
「放送文化」72年12月号　汗と熱気の30分『ぎんざNOW！』
「調査情報」73年7月号　ヤングの光は七ひかり（寄稿／井原利一）
「週刊平凡」74年3月14日号　新名物「セーラー服の大運動会」でいま銀座4丁目は大騒ぎ
「月刊平凡」75年8月号　スタジオルポ（2）『ぎんざNOW！』
「平凡パンチ」76年2月16日号　素人タレント名鑑（ラビット関根ほか）
「新譜ジャーナル」78年12月号　テレビ歌番組インサイドルポ（3）
「YYジョッキー」79年6月号　当世風電気紙芝居の役者諸氏

そのほかに『日本タレント名鑑』VIPタイムズ社、『タレント名簿録』『音楽専科』共に音楽専科社、『出演者名簿』著作権資料協会、『ミュージックライフ』シンコーミュージック、『ニューミュージックマガジン』ミュージックマガジン、『テレビ視聴率月報・関東地区版』ビデオリサーチ、各新聞の月別縮刷版などのうち、70年代に発行されたもの。

番組関連

舞台「ぎんざNOW！スペシャル／ロックプレゼントショー」
1973年12月9日、新宿厚生年金会館にて開催（翌74年1月19日に「NOWスペシャル・ヤングサウンズ誕生」の題名でTBS系にて放送。司会／せんだみつお、西島明彦　出演／安西マリア、あおい健、フィンガー5、フレンズ、ローズマリー、キャロル

舞台「NOWオンステージ」
1974年2月1～7日、日本劇場にて開催（TBSが同年2月2日に85分枠で中継放送）。司会／せんだみつお、西島明彦　出演／安西マリア、森田日記、小林めぐみ、フレンズ、つなき&みどり、オギノ達也とフーリンカザン、日替わりゲストでチャコとヘルスエンジェル、山口百恵、西城秀樹、フィンガー5　企画／上条英男　演出／松尾准光　構成／松尾准光、青柳脩、上条英男

舞台「第52回ウエスタンカーニバル／ぎんざNOWで大集合」
1974年8月23～26日、日本劇場にて開催。　司会／平鉄平、井原かずみ　出演／伊丹サチオ、あいざき進也、チャコとヘルスエンジェル、弾ともや、アンデルセン、ドゥーTドール、ローズマリー、ジャネット、フレンズ、江川ひろし　演出／松尾准光　構成／松尾准光、青柳脩

舞台「NOWオンステージ2」
1974年9月13～19日、日本劇場にて開催。　司会／？　出演／風吹ジュン、森田日記、麻生恵、安西マリア、江川ひろし、アン・ルイス、天馬千晶、日替わりゲストで城みちる、チャコとヘルスエンジェル、ポピーズ、ドゥーTドール、ジェフ　企画／上条英男　演出／松尾准光　構成／松尾准光、青柳脩、上条英男

特別番組「年忘れだよ！ヤングテレサ'74」
1974年12月30、31日にTBSで放送。

特別番組「東京音楽祭シルバーカナリー賞／ヤングの祭典NOWフェスティバル」
シルバーカナリー賞を受賞した新人歌手が総出演した音楽番組で、せんだみつおの司会により年に1回、TBS系で放送された。各回の放送日は1975年6月28日、76年5月30日、77年6月5日、78年5月28日、79年5月3日。

特別番組「グッドバイキャロル」
1975年4月に開催されたキャロルの解散ライブの模様を、『ぎんざNOW！』の特別編として、同年7月12日にTBS系で放送。中継演出／佐藤輝雄　制作／小谷章（TBS銀座分室）

舞台「さよなら　ぎんざNOW！」
1979年9月23日、都内の日比谷野外音楽堂で開催。構成／宮下康仁　プロデューサー／梅沢汎、高麗義秋、氏家好朗　演出／大島敏明　司会進行／せんだみつお、ザ・ハンダース、あのねのね、ラビット関根、小林まさひろ、吉村明宏、小堺一機　ゲスト／つのだひろ、小池聡行、小清水勇、水野三紀、田島真吾　出演アーティスト（登場順に）シルクロード、榊チエコ、西かおり、ザ・サーフライダース、デビル、阿部敏郎、讃岐裕子、バウワウ、近田春夫&BEEF、越美晴、レッドショック（以上、第1部）、とし太郎とリバーサイド、荒川務、ムーンダンサー、デュオ、ZERO、リューベン&カンパニー、石川ひとみ、杏里、秋ひとみ、能瀬慶子、桑名正博&ティアドロップス（以上、第2部）、フィーバー、宮本典子、リリーズ、五十嵐夕紀、倉田まり子、ショットガン、香坂みゆき、フィンガーズ（元フィンガー5）、あいざき進也、高見知佳、太田裕美、清水健太郎、榊原郁恵、ダウン・タウン・ブギウギ・バンド（以上、第3部）

79年3月)、突撃!ヤング情報局(79年4～9月)
金曜/ワイワイテレサ(73年)、オレが一番(74年2月～)、ソロバン占い(74年5月～)、ヤングウィークエンド(74年7月～)、ヤング白書(74年7月～77年3月)、素人DJコーナー(75年6月～)、NTC特派員ニュース(75年9月～)、芸能講座(76年4月～)、言いたい放題(77年2月～)、ザ・青春(77年3月～78年9月?)、バンドコンテスト(77～78年)、ウイークエンドPOPS(79年)、歌謡曲月間ベスト10(79年)

このほかに「ラブヘアーインタビュー」と題された花王の生CMが、74年10月から毎回放送され、街頭レポーターをモコ(ラジオDJの高橋基子)、ユミ、リッカなどの女性タレントが務めた。

歴代の総合プロデューサー

所属はいずれもTBS銀座分室

井原利一(初回～73年5月)、青柳脩(73年6月～74年7月?)、西田実(?～?)、青柳脩(?～77年2月)、梅沢汎(77年3月～最終回)

歴代の制作会社

月曜/ユニゾン音楽出版(初回～74年6月?)→映像企画(74年7月?～78年9月)→ホリ企画制作(78年10月～79年9月)
火曜/日音(日制・初回～?)→オフィストゥーワン(76年10月～78年9月)→映像企画(78年10月～79年9月)
水曜/テレパック(初回～72年12月?)→ホリ企画制作(73年1月?～78年9月)→ヤングジャパン企画(78年10月～79年9月)
木曜/オフィストゥーワン(初回～74年6月?)→AV企画(74年7月?～79年9月)
金曜/日音(日制・初回～74年6月?)→東京ビデオセンター(74年7月?～?)→日音(?～79年9月)

歴代の曜日プロデユーサー

月曜/吉村隆一(ユニゾン音楽出版→映像企画)→?(ホリ企画制作)
火曜/村上司、溝口誠(以上、日音)→河村シゲル(オフィストゥーワン)→吉村隆一(映像企画)
水曜/橋本信也(テレパック)→岩沢道夫(ホリ企画制作)→川越博(ホリ企画制作)→佐藤吉孝(ヤングジャパン企画)
木曜/角田友彦(オフィストゥーワン)→西条太→居作中一→大島敏明、高麗義秋(以上AV企画)
金曜/村上司、溝口誠(以上、日音)→鈴木克信(東京ビデオセンター)→氏家好朗(日音)、鈴木克信(フリー)

歴代の曜日ディレクター

月曜/加納一行(テレビマンユニオン)、居作中一、植木善晴、村山文彦、浜田正信(以上、映像企画)、?(ホリ企画制作)
火曜/村木益雄、吉川正澄、井原尚之(以上テレビマンユニオン)、高木鉄平(日音)、長谷川美夫(オフィストゥーワン)、居作中一(フリー)
水曜/大黒章弘、居作中一(共にテレパック)、やべ(?)、道井久(フリー)、佐藤木生(ホリ企画制作)、渡辺立(ヤングジャパン企画)
木曜/宮本洋(オフィストゥーワン)、末武小四郎、酒井孝康、大島敏明、高麗義秋、渡辺立(以上AV企画)
金曜/村木益雄、吉川正澄(共にテレビマンユニオン)、酒井孝康、大島敏明(共に東京ビデオセンター)、高木鉄平(日音)

構成作家

前川宏司(月曜)、宮下康仁(火曜、木曜)、リバーサイドウェイ(水曜)、後藤文雄、霧生博正、ペンジャック、河村達樹、吉村貴(以上、金曜)、一色瑛介、長那良一、末武真澄ほか

カメラマン

高木敏文、佐々木章、池田治道、今道進、近藤寛ほか

タイムキーパー

山崎朝子、松山都有子、鈴木茂子、地引せつこ、福井ほか

美術

宮沢利昭、出口雄章、笠松和明ほか

歴代の番組スポンサー

マンダム、東芝、武田食品、森永製菓、キヤノン、花王、トリオ、武田薬品、サントリー、鈴屋、ボブソン、JAL、バンダイ、ヘラルド、コカコーラ、三菱鉛筆、ソニー、モーリスギター、KDIジャパン、IKB、セイコー、リーバイス、ペヤングソースヤキソバ、ボーリング振興、コージ本舗、日本水産、いんなあとりっぷほか

『ぎんざNOW!』放送データ

（調査作成／加藤義彦）

（注）当番組は残された資料が非常に乏しく、今回わずかに入手できた映像と台本、放送当時の新聞やテレビ雑誌、番組関係者の記憶から情報を集めました。したがって「主な出演者」の一覧表を含め、完全版には程遠いことをご了解ください。なお人名などの固有名詞の表記は、当時のもので統一しました。

［放送期間］1972年10月2日～79年9月28日、TBSにて全1781回を放送
［放送時間］平日17時～17時30分（初回～74年6月28日）。その後、時間変更が次のように行なわれた。
・17時～17時40分（74年7月1日～75年10月3日）
・17時～17時45分（75年10月6日～76年10月1日）
・17時15分～18時（76年10月4日～78年9月29日）
・17時30分～18時（78年10月2日～最終回）

歴代の総合司会者

せんだみつお（初回～78年9月）、阿部敏郎（78年10月～79年3月）、ラビット関根（79年4～9月）

曜日ごとの主なレギュラー出演者

月曜／キャシー中島、ジェミネス、荻野順子、西島明彦、ラビット関根、鈴木末吉、榊原郁恵／フィンガー5、ずうとるび、あのねのね、アンデルセン、吉川桂子、ザ・ハンダース、トライアングル、西村まゆこ、ファイアー、桑江知子

火曜／キャシー中島、ジェミネス、荻野順子、西島明彦、平鉄平、池上季実子、佐藤金造、讃岐裕子、松宮一彦／長谷直美、ドゥーTドール、マギーミネンコ、シェリー、小清水勇、水野三紀、JJS、草川佑馬、近田春夫、清水アキラ、アパッチけん、荒川務、星正人、リトルギャング、高見知佳、大場久美子、大橋恵理子、天馬ルミ子

水曜／キャシー中島、ジェミネス、荻野順子、西島明彦、太田裕美、桂枝八、吉村明宏、小堺一機／恵おさみ、海老名みどり、チャコ&ヘルスエンジェル、フレンズ、牧ひとみ、ダウン・タウン・ブギウギ・バンド、三木聖子、池田ひろ子、五十嵐夕紀、横山エミー、久我直子、三輪車、Char、レイラ

木曜／キャシー中島、ジェミネス、荻野順子、西島明彦、平鉄平、松岡ひろみ、川口厚、金子由紀江、松田かんな、ラビット関根、小清水勇、水野三紀、田島真吾／キャロル、ローズマリー、ハリマオ、弾ともや、豊川誕、金子由紀江、清水健太郎、松岡憲治、アップルズ、MMP、ポップティーンガールズ、三色すみれ、ダンディーII、シルクロード、秋ひとみ、高取千恵子

金曜／キャシー中島、ジェミネス、荻野順子、西島明彦、黒木真由美、坂上大樹、北村優子、吉村明宏／フレンズ、福沢良、浅野ゆう子、西崎みどり、池田美彦、ちゃんちゃこ、レモンパイ、ボビー&リトルマギー、鬼沢慶一、讃岐裕子、坂主昭市、香坂みゆき、レイジー、コッペ、早川由貴、倉田まり子

曜日ごとの主なコーナー

月曜／しろうとコメディアン道場（74年7月～78年9月）、NOW爆笑スペシャル（76年9月～78年6月）、せんだみつおのワンパターン学園（78年8～9月）、恋の三銃士（78年10月～）、NOWドッキングラブ（79年6～9月）

火曜／ヤングコンテスト（73年）、みんなで選ぶ明日のスター（73年10月～）、スターへのパスポート（74年7月～）、学校対抗バカウケ大合戦、うわさのスター気になる瞬間、挑戦・謎の世界（いずれも75年10月～）、ぎんざマガジン（76年）、らいぶすぽっと4丁目（76年7月～）、NOW特捜班（76年）、あきらとケンの笑いのページ（76年10月～）、フォーク&ロックコンテスト（77年7月～）、私はNo.1（78年）、俺は体力No.1、ザ・リングショー、激突!タコチャー（いずれも79年）

水曜／デート・イン・テレサ（73年）、学校新聞紹介（74年2月～）、俺にも言わせろ（74年3月～）、ラブラブ専科（74年7月～77年3月）、お見合い大会（75年6月～）、愛の告白3分間（75年9月～）、NOW残酷快感アクション（77年1月～）、シンデレラのラブサンド（77年3月～）、ギックリシャックリLoveLoveアタック（77年10月～）

木曜／フォークテレサ（73年）、モグラゲーム・コンテスト（74年3月～）、キャンパス自慢大会（74年7月～）、ヤングフォークコンテスト（74年～）、シンガーソングコンテスト（75年4月～）、男の聖書、男の美学（75年7月～76年11月）、勝ち抜き腕相撲（76年1月～）、ポップティーンポップス（76年11月～78年9月）、スクールクイズチャレンジNOW（78年10月～

放送日	主な出演者
	ンから生中継)
8	堀川まゆみ、デュオ、ジョリー・ランバース、阿部敏郎
9	高橋拓也、コンディション・グリーン、阿部敏郎
10	稲岡虹二、井上望、倉田まり子、阿部敏郎
●13	宮本典子、鈴江真里、桑江知子、江夏一樹
14	高見知佳、川崎麻世、西かおり、フィンガーズ
15	町田義人、バウワウ、アロ
16	RCサクセション、秋ひとみ
17	倉田まり子、江崎秀一、ティーバード、ポップコーン
●20	フィーバー、桑江知子、ミルク
21	イアン・ミッチェル・バンド、ずうとるび
22	しばたはつみ、たちはらるい、シルクロード
23	秋ひとみ、能瀬慶子、西かおり
24	倉田まり子、桂木文、アパッチ、リバーサイド
●27	杏里、マキ上田、桑江知子
28	能瀬慶子、リューベン&カンパニー、金井夕子、ミルク、高見知佳
29	ザ・ワイルドワンズ、江崎秀一、遠藤賢司
30	フラッシュ、秋ひとみ、江崎秀一
31	マーガレット・ポー、西かおり、倉田まり子
9月●3	竹内まりや、桑江知子
4	フィーバー、高見知佳
5	メロディー
6	大滝裕子、リバーサイド
7	倉田まり子、メロディー
●10	桑江知子、西かおり
11	江藤博利
12	西島三重子、BORO
13	秋ひとみ、フィーバー
14	倉田まり子、菅沢恵子
●17	五十嵐夕紀、桑江知子(復活シンデレラのラブサンド)
18	フィーバー、高梨めぐみ、レイジー、小堺一機、竹中直人、ハンダース、江藤博利(復活しろうとコメディアン道場)
19	堀内孝雄、ばんばひろふみ、大久保一久
20	秋ひとみ(復活ポップティーンポップス)
21	ショットガン、倉田まり子、高梨めぐみ(思い出の名場面集)
●24	太田裕美、桑江知子
25	NOWさよならコンサート(1)近田春夫&BEEF、越美晴、レッドショック、バウワウ(日比谷野音から中継録画)
26	NOWさよならコンサート(2)リューベン&カンパニー、石川ひとみ、杏里、能瀬慶子、桑名正博&ティアードロップス(日比谷野音から中継録画)
27	NOWさよならコンサート(3)フィンガーズ、あいざき進也、榊原郁恵、清水健太郎、太田裕美、ダウン・タウン・ブギウギ・バンド(日比谷野音から中継録画)
28	せんだみつお、ラビット関根、阿部敏郎(最終回)

放送日	主な出演者
17	ニューホリデーガールズ、高見知佳、めるへん堂、フィーバー
18	ムーンダンサー、宮本典子
19	高見知佳、杏里、竹内まりや
20	金井夕子、倉田まり子、越美晴
●23	竹内まりや、桑江知子、フィーバー
24	水越けいこ、高見知佳、宮本典子、越美晴、竹内まりや
25	ムーンダンサー、宮本典子
26	アド、新保牧代、桑江知子
27	倉田まり子、めるへん堂
●30	越美晴、杏里、めるへん堂
5月 1	ニューホリデーガールズ、高見知佳、竹内まりや、フィーバー
2	金井夕子、ムーンダンサー
3	渡辺真知子（東京バザールから生中継）
4	川崎麻世、渋谷哲平、ショットガン
●7	江崎秀一、ビビ、桑江知子
8	中原理恵、セーラ、レイジー、高見知佳
9	杉田二郎　ムーンダンサー
10	秋ひとみ、石黒ケイ、フラッシュ、デュオ
11	倉田まり子、豊島たづみ、鈴木隆夫
●14	川崎麻世、香坂みゆき、桑江知子
15	フラッシュ、能瀬慶子、畑中葉子、高見知佳
16	五輪真弓、シルバースターズ、ムーンダンサー
17	セーラ、朝比奈マリア、中野知子、秋ひとみ
18	江崎秀一、中野知子、倉田まり子
●21	桑江知子
22	高見知佳
23	ムーンダンサー、パンダフルハウス
24	秋ひとみ、能瀬慶子
25	ディーヴォ、倉田まり子、レイジー
●28	桑名正博、桑江知子、フィーバー
29	高見知佳
30	スーパーパンプキン、ムーンダンサー、手塚さとみ
31	加納秀人、秋ひとみ
6月 1	レイジー、倉田まり子
●4	ZERO、桑江知子
5	高見知佳
6	手塚さとみ、ムーンダンサー
7	江崎秀一、マーガレット・ポー
8	川崎麻世、倉田まり子
●11	桑江知子、デュオ、尾形あい、菅沢恵子
12	杏里、高見知佳
13	高橋拓也、Mrスリムカンパニー
14	フラッシュ、BORO、秋ひとみ
15	レイジー、太川陽介、倉田まり子
●18	井上望、ビビ、桑江知子
19	高見知佳、金井夕子、尾形明美
20	深野義和、中村行延、ムーンダンサー
21	秋ひとみ、越美晴
22	江崎秀一、デュオ、豊田清、倉田まり子
●25	セーラ、朝比奈マリア、桑江知子
26	リューベン&カンパニー、高見知佳
27	ハイファイセット、神谷昌徳、ムーンダンサー
28	レイジー、ZERO、江崎秀一、秋ひとみ
7月●2	セイルボード、杏里、BORO、桑江知子
3	ZERO、高見知佳、井上望
4	シグナル、手塚さとみ、ムーンダンサー、井上望
5	尾形明美、秋ひとみ、井上望
6	川崎麻世、倉田まり子
●9	山本達彦、石川優子
10	高見知佳、榊チエコ
11	ブレッド&バター、デュオ
12	旅びと、井上望、フラッシュ
13	レイジー、桂木文、倉田まり子
●16	朝比奈マリア、桑江知子、ZERO
17	高見知佳、榊チエコ、西かおり
18	西島三重子、榊チエコ、西かおり
19	リューベン&カンパニー、鈴江真里
20	レスリー・マッコーエン、ショットガン、川島なお美、倉田まり子
●23	ロコとエツコ、桑江知子、水越けいこ、榊チエコ
24	BORO、レイジー、東寿明、榊チエコ、高見知佳、水越けいこ
25	滝ともはる、榊チエコ、水越けいこ、真越敏幸
26	原たかし、秋ひとみ、榊チエコ、水越けいこ
27	豊田清、あのねのね、旅びと、倉田まり子、榊チエコ、水越けいこ
●30	宮本典子、渋谷哲平、桑江知子
31	高見知佳、キューピッド、BORO
8月 1	海援隊、ZERO、手塚さとみ
2	大滝裕子、桂木文
3	倉田まり子
●6	マリリン、リバーサイド、江崎秀一、桑江知子
7	荒木由美子、セーラ、石川ひとみ、久我直子、阿部敏郎、吉村昭宏、小堺一機、ラビット関根、江藤博利、高見知佳（東京マリ

放送日	主な出演者
14	あいあい、秋ひとみ
15	真木理恵
●18	デビル、ばんばひろふみ
19	アグネス・チャン、杏里、大橋恵理子
20	リリィ、東京キッドブラザース
21	高田橋久子、川崎麻世、秋ひとみ
22	レイジー、キューピッド
●25	クリッパー
26	レイジー、渋谷哲平
27	寺内タケシとブルージーンズ、東京キッドブラザース
28	堀川まゆみ、リューベン&カンパニー
29	クリッパー

1979年

1月 4	大橋恵理子、秋ひとみ
5	レイジー、水越けいこ
●8	桑名正博、工藤忠
9	山本翔、川崎麻世
10	堀川まゆみ、杏里
11	アパッチ、町田義人、秋ひとみ
12	中野知子、岸田智史
●15	能瀬慶子
16	高見知佳、グラスホッパー
17	大橋純子、山本雄二
18	中野知子、原たかし
19	クリッパー、久我直子
●22	桑名正博、堀口ノア
23	杏里、大橋恵理子
24	森山良子、山本雄二
25	秋ひとみ、クリッパー
26	フレディ・アギラ、金井克子
●29	石川ひとみ、原たかし
30	畑中葉子、大橋恵理子
31	滝ともはる、山本雄二
2月 1	荒木由美子、杏里、シルクロード
2	渋谷哲平、バズ
●5	レイジー、リューベン&カンパニー、トライアングル
6	豊田清、越美晴
7	深野義和、山本雄二
8	山本真吾、能瀬慶子
9	アパッチ、レイジー
●12	堀川まゆみ
13	久我直子、能瀬慶子
14	東京キッドブラザース、山本雄二
15	石川ひとみ
16	豊島たづみ、小林倫博
●19	中原理恵、杏里
20	デビル、堀川まゆみ
21	ゴダイゴ、山本雄二
22	リューベン&カンパニー、金井夕子
23	川崎麻世
●26	桑江知子、杏里
27	クリッパー、金井夕子
28	桑名晴子、ベーカーズ・ショップ、山本雄二
3月 1	世良順子、秋ひとみ
2	レイジー
●5	渡辺真知子
6	川崎麻世、能瀬慶子
7	海援隊、山本雄二
8	ドックス、赤木さとし
9	クリッパー、ポップコーン
●12	ロックス
13	ずうとるび、桑江知子
14	尾崎亜美、山本雄二
15	レイジーヒップ、能瀬慶子
16	香坂みゆき、豊島たづみ
●19	トライアングル
20	ポップコーン、五十嵐夕紀
21	太田裕美、ばんばひろふみ
22	桑江知子、秋ひとみ
23	川崎麻世、ジャッカル
●26	中原理恵、竹内まりや、倉田まり子
27	畑中葉子、能瀬慶子、ジャッカル、世良順子
28	山本雄二
29	ポップコーン、秋ひとみ
30	レイジー
4月●2	水越けいこ、アド、新保牧代
3	倉田まり子、高見知佳、杏里、フィーバー
4	ムーンダンサー、越美晴
5	ニューホリデーガールズ、杏里、めるへん堂
6	アド、倉田まり子
●9	金井克子、桑江知子、フィーバー
10	ニューホリデーガールズ、水越けいこ、高見知佳、竹内まりや
11	あのねのね、アド、ムーンダンサー
12	金井夕子、めるへん堂、桑江知子、フィーバー
13	倉田まり子、杏里、越美晴
●16	水越けいこ、新保牧代、宮本典子、桑江知子

放送日	主な出演者
4	秋本圭子、水越けいこ、古賀栄子、川崎麻世
●7	狩人、ゴールデンハーフ・スペシャル、クリッパー
8	シェリー、天馬ルミ子
9	榊原郁恵、鈴木隆夫
10	石野真子、田島真吾
11	石川ひとみ、早川由貴
●14	ハリケーン、桂木文
15	クリエーション、石野真子
16	川崎麻世、中原理恵
17	荒木由美子、渋谷哲平
18	香坂みゆき、レイジー
●21	山内恵美子、五十嵐夕紀
22	サザンオールスターズ、桂木文
23	ダウン・タウン・ブギウギ・バンド、リューベン&カンパニー
24	川崎麻世、大橋純子
25	中山恵美子、石野真子
●28	クリッパー、大橋恵里子
29	ハンダース、小川未知
30	サザンオールスターズ、鈴木隆夫
31	田島真吾、シルクロード
9月　1	桂木文
●4	清水健太郎、ハンダース
5	天馬ルミ子
6	桂木文、秋川淳子
7	ハンダース、田島真吾
8	キャンディ・レイ、レイジー
●11	桂木文、クリッパー
12	さとう宗幸、中原理恵
13	香坂みゆき、リューベン&カンパニー
14	大橋純子、杉田二郎
15	トライアングル、中野知子
●18	石川ひとみ、高田橋久子
19	渋谷哲平、田山雅充
20	荒木由美子、川崎麻世
21	トライアングル、田島真吾
22	レイジー、サーカス
●25	アグネス・チャン、ザ・リリーズ
26	杉田二郎、ショットガン
27	秋川淳子、鈴木隆夫
28	カラパナ、岸田智史、ショットガン
29	清水健太郎、レイジー
10月●2	トライアングル、西かおり
3	大橋恵理子、山川ユキ
4	海援隊、横山エミー
5	秋ひとみ、桑名正博
6	フレディ・アギラ

放送日	主な出演者
●9	レイジー、トライアングル
10	八神純子、大橋恵理子
11	堀内孝雄、キューピッド
12	フィンガー 5、有吉ジュン
13	レイジー、石野真子
●16	久我直子、トライアングル
17	石川ひとみ、大橋恵理子
18	シグナル、東京キッドブラザーズ
19	アグネス・チャン、リューベン&カンパニー
20	レイジー、清水健太郎
●23	五十嵐夕紀、トライアングル
24	リューベン&カンパニー、大橋恵理子
25	加藤登紀子、東京キッドブラザース
26	サザンオールスターズ、秋ひとみ
27	ピーター・フランプトン、高見知佳
●30	石野真子、トライアングル
31	アン・ルイス、大橋恵理子
11月　1	桑名正博、東京キッドブラザース
2	川崎麻世、秋ひとみ
3	越美晴、アド
●6	久我直子
7	狩人、ずうとるび
8	岸田智史、東京キッドブラザース
9	鈴木隆夫、秋ひとみ、久我直子
10	レイジー、キューピッド
●13	リューベン&カンパニー、田島真吾
14	大橋恵理子、田島真吾
15	長谷川きよし、東京キッドブラザース
16	世良公則&ツイスト、秋ひとみ
17	川崎麻世、鈴木隆夫
●20	清水健太郎、川崎麻世
21	大橋恵理子
22	カルメン・マキ、東京キッドブラザース
23	秋ひとみ、パル
24	AᗺBA、レイジー
●27	鈴木隆夫、トライアングル
28	レイジー、高見知佳
29	高木麻早、東京キッドブラザース
30	渡辺真知子、秋ひとみ
12月　1	クリッパー
●4	トライアングル、金井夕子
5	アド、大橋恵理子
6	ばんばひろふみ、東京キッドブラザース
7	風来坊、秋ひとみ
8	寺内タケシとブルージーンズ、鈴木隆夫
●11	堀川まゆみ、真木理恵
12	渡辺真知子、クリッパー
13	東京キッドブラザース、真木理恵

放送日	主な出演者
24	荒木由美子、杉田優子、辻佳紀
●27	渡辺真知子
28	大場久美子
29	Char
30	荒木由美子
31	清水健太郎、木之内みどり
4月●3	西村まゆ子
4	川崎麻世
5	中野知子
6	ギャル
7	レイジー
●10	大場久美子
11	渋谷哲平
12	Char
13	田島真吾
14	荒木由美子
●17	西村まゆ子、トライアングル
18	天馬ルミ子、ギャル
19	Char、中野知子
20	大場久美子、荒木由美子
21	川崎麻世、はつみひとみ、鈴木隆夫
●24	渋谷哲平、西村まゆ子
25	大場久美子、天馬ルミ子
26	Char、トライアングル
27	川崎麻世、田島真吾
28	レイジー、早川由貴
5月●1	西村まゆ子、中野知子
2	レッドショック、天馬ルミ子
3	石野真子、 Char
4	金森隆&ルーマーズ、田島真吾
5	レイジー、川崎麻世
●8	西村まゆ子、サーカス
9	天馬ルミ子、大場久美子
10	渡辺真知子、 Char
11	(ブラザーズ・ジョンソン)、田島真吾、川崎麻世
12	渋谷哲平、レイジー
●15	レッドショック、西村まゆ子
16	サーカス、天馬ルミ子
17	Char、荒木由美子
18	中野知子、田島真吾
19	レイジー、石野真子
●22	西村まゆ子、レッドショック
23	バウワウ、天馬ルミ子、サーカス
24	Char、大場久美子
25	田島真吾、中野知子
26	石野真子、レイジー
●29	西村まゆ子、ファイヤー
30	天馬ルミ子

放送日	主な出演者
31	ペニーレイン、 Char、久我直子
6月 1	ペニーレイン、田島真吾
2	ペニーレイン、清水由貴子
●5	清水由貴子、西村まゆ子
6	ミッシェル、西村まゆ子
7	トライアングル、 Char
8	渡辺真知子、中野知子、鈴木隆夫
9	香坂みゆき
●12	あいざき進也、中原理恵
13	香坂みゆき、天馬ルミ子
14	世良公則&ツイスト、石川ひとみ
15	ヴァン・ヘイレン、田島真吾、香坂みゆき、レッドショック
16	フィンガー 5、岸田智史
●19	岩崎宏美、トライアングル
20	伊藤咲子、天馬ルミ子
21	Char、秋川淳子
22	ミッシェル、中原理恵
23	岡田奈々、石川ひとみ
●26	ずうとるび、西村まゆ子
27	とんぼ、天馬ルミ子、サザンオールスターズ
28	渡辺真知子、 Char
29	田島真吾、石川ひとみ
30	岩崎宏美、榊原郁恵
7月●3	西村まゆ子、野中小百合
4	天馬ルミ子、秋川淳子
5	太田裕美、久我直子
6	渡辺真知子、田島真吾
7	清水由貴子、早川由貴
●10	西村まゆ子、クリッパー
11	アンルイス、天馬ルミ子
12	五十嵐夕紀、香坂みゆき
13	田島真吾、シルクロード
14	レイジー、早川由貴
●17	フィンガー 5、トライアングル
18	かまやつひろし、中山恵美子
19	渡辺真知子、石川ひとみ
20	田島真吾、石川ひとみ
21	神田広美、レイジー
●24	五十嵐夕紀、石原祐
25	天馬ルミ子
26	渡辺真知子、鈴木隆夫
27	レイフ・ギャレット、田島真吾
28	中原理恵、レイジー
●31	榊原郁恵、ミッシェル
8月 1	天馬ルミ子
2	中野知子、鈴木隆夫
3	中原理恵、田島真吾

放送日	主な出演者
8	高田みづえ
9	川崎麻世
10	田島真吾、バカラ
11	神田広美
●14	フィンガー 5
15	新井満
16	Char
17	田島真吾
18	土屋薫、レイジー、ギャートルズ、ミッシェル、朱礼毬子
●21	清水健太郎
22	草川祐馬
23	Char、太川陽介
24	高田みづえ
25	浅野ゆう子
●28	狩人
29	川崎麻世
30	ダウン・タウン・ブギウギ・バンド
12月 1	キャンディーズ

放送日	主な出演者
2	清水由貴子
●5	清水健太郎
6	アパッチ
7	Char
8	チェルシア・チャン
9	香坂みゆき
●12	ハリマオ
13	キャッツアイ
14	太田裕美
15	バスター
16	清水健太郎
●19	岡田奈々
20	ジョニー大倉
21	Char、ダウン・タウン・ブギウギ・バンド
22	荒木由美子
23	太川陽介
●26	清水健太郎
27	ハリマオ
28	Char、ハリマオ、リューベン&カンパニー

1978年

1月 5	荒木由美子、ハリマオ、レッドショック
6	大橋照子　レイジー
●9	沢田研二
10	片平なぎさ
11	荒木由美子
12	田島真吾
13	木之内みどり、金原亭駒平
●16	榊原郁恵
17	伊藤咲子
18	Char
19	ブロンディー、カラパナ
20	荒木由美子
●23	太川陽介
24	大場久美子
25	Char
26	スタイリスティックス
27	オリーブ、レイジー
●30	清水健太郎
31	フィンガー 5
2月 1	あいざき進也
2	シルバー・コンベンション
3	清水由貴子
●6	平野雅昭
7	バウワウ、大場久美子
8	ミッシェル
9	フィンガー 5
10	太川陽介
●13	世良公則&ツイスト

14	榊原郁恵
15	太田裕美
16	太川陽介
17	フィンガー 5
●20	世良公則&ツイスト
21	大場久美子
22	太川陽介
23	ティファニー
24	吉幾三
●27	狩人
28	荒木由美子
3月 1	Char
2	キャンディーズ
3	清水由貴子、大場久美子、神田広美
●6	ビューティーペア
7	川崎麻世
8	Char、太田裕美
9	神田広美
10	トランザム
●13	榊原郁恵
14	紙ふうせん
15	渡辺真知子
16	吉幾三
17	レイジー
●20	岡田奈々
21	バウワウ、大場久美子
22	Char
23	あいざき進也

放送日	主な出演者
30	清水健太郎
7月　1	岩崎宏美、塚本晋也
●4	岡田奈々
5	あおい輝彦
6	ダウン・タウン・ブギウギ・バンド、太田裕美
7	浅野ゆう子
8	香坂みゆき
●11	あいざき進也
12	豊川誕
13	ザ・リリーズ
14	狩人
15	浅野ゆう子
●18	清水健太郎
19	清水由貴子、四人囃子
20	南沙織
21	田島真吾
22	草川祐馬
●25	榊原郁恵
26	高田みづえ
27	あいざき進也
28	田島真吾
29	岡田奈々
8月●1	草川祐馬
2	フィンガー5
3	Char
4	岸本加世子、(アグネス・ラム)
5	香坂みゆき
●8	川崎麻世
9	太川陽介
10	太田裕美
11	荒木由美子
12	レイジー
●15	清水健太郎
16	川崎麻世
17	高田みづえ
18	清水健太郎
19	狩人
●22	岡田奈々
23	南沙織
24	Char
25	アップルズ、田島真吾
26	荒木由美子、長谷川諭、黒沢浩
●29	清水健太郎
30	桑名正博
31	岸本加世子
9月　1	田島真吾
2	フィンガー5
●5	あいざき進也
6	岩崎宏美
7	ダウン・タウン・ブギウギ・バンド
8	荒木由美子
9	川崎麻世
●12	狩人
13	大場久美子、サーフライダーズ
14	Char
15	高田みづえ
16	岡田奈々
●19	狩人
20	シグナル
21	太田裕美
22	あいざき進也
23	高田みづえ、荒木由美子、ティファニー、ドクタームー&ワーワー
●26	ずうとるび
27	豊島たづみ
28	あいざき進也
29	荒木由美子
30	浅野ゆう子
10月●3	ずうとるび
4	高田みづえ
5	ずうとるび
6	田島真吾
7	清水健太郎、久木田美弥、ずうとるび
●10	片平なぎさ、榊原郁恵、塚田三喜夫
11	清水健太郎
12	ダウン・タウン・ブギウギ・バンド
13	フィンガー5
14	草川祐馬
●17	ピンク・レディー、清水健太郎、榊原郁恵、稲岡虹二
18	丸山圭子
19	Char
20	田島真吾
21	(鈴木亜久里)、あいざき進也
●24	松本ちえこ
25	岸本加世子
26	太田裕美
27	田島真吾
28	フィンガー5、ダウン・タウン・ブギウギ・バンド、太田裕美、清水健太郎(放送5周年記念回)
●31	清水健太郎、ハリケーン、黒沢浩
11月　1	浅野ゆう子
2	Char
3	パット・マグリン、岸本加世子、川崎麻世
4	ずうとるび、原田真二、川崎麻世
●7	清水健太郎

放送日	主な出演者
17	清水健太郎
18	浅野ゆう子、ピンク・レディー
●21	あおい輝彦
22	ピンク・レディー
23	片平なぎさ
24	岡田奈々
25	清水健太郎
●28	ずうとるび
3月 1	クリエーション、松本ちえこ、小川順子
2	ダウン・タウン・ブギウギ・バンド、三木聖子
3	あべ静江、あいざき進也
4	豊川誕、北村優子
●7	岩崎宏美
8	レモンパイ、芦川よしみ
9	あいざき進也
10	ナタリー・コール、南沙織
11	ずうとるび
●14	あいざき進也、ずうとるび
15	ペドロ&カプリシャス
16	太田裕美
17	清水健太郎、JJS
18	岡田奈々、北炭生、ペニーレイン、へのへのもへじ
●21	清水健太郎
22	讃岐裕子、あべ静江
23	片平なぎさ
24	清水健太郎、清水由貴子、CCO、岸田智史
25	北村優子
●28	あのねのね、ピンク・レディー
29	岡田奈々
30	清水健太郎、三木聖子
31	清水健太郎、豊川誕
4月 1	草川祐馬、吉田真梨
●4	ハンダース
5	近田春夫とハルヲフォン
6	太川陽介
7	バスター
8	?
●11	あいざき進也
12	清水健太郎
13	太田裕美
14	ピンク・レディー
15	未都由
●18	キャンディーズ
19	ゴールデンハーフ・スペシャル
20	太川陽介
21	石黒ケイ

放送日	主な出演者
22	清水健太郎
●25	芦川よしみ
26	アリス、清水由貴子
27	太川陽介
28	高田ジョニー、マルチェラ
29	高田みづえ
5月●2	榊原郁恵
3	讃岐裕子
4	清水健太郎、太川陽介
5	清水健太郎、神田広美
6	木之内みどり、黒沢浩
●9	未都由
10	桜たまこ、讃岐裕子
11	太川陽介、三谷晃代
12	清水健太郎、異邦人
13	清水由貴子、黒沢浩、高橋忠史
●16	清水健太郎、山本伸吾
17	讃岐裕子
18	未都由
19	清水健太郎
20	高田みづえ、黒沢浩
●23	榊原郁恵
24	アルル
25	狩人
26	清水健太郎
27	石黒ケイ
●30	高田みづえ
31	ゴールデンハーフ・スペシャル
6月 1	田島真吾
2	ランナウェイズ
3	木之内みどり
●6	郷ひろみ
7	松本ちえこ、あいざき進也
8	アグネス・チャン、太川陽介
9	沢田研二、イアン・ギラン
10	木之内みどり、浅野ゆう子
●13	清水健太郎
14	林寛子
15	ザ・リリーズ
16	木之内みどり
17	フィンガー5
●20	フィンガー5
21	清水由貴子、讃岐裕子
22	高田みづえ
23	清水健太郎、アップルズ
24	狩人、浅野ゆう子、塚本晋也
●27	桜たまこ
28	フィンガー5
29	キャンディーズ

放送日	主な出演者
6	あいざき進也
7	北村優子
8	異邦人、ピンク・レディー
●11	ドルフィン
12	トランザム
13	太田裕美
14	シェリー
15	古時計
●18	キャンディーズ、ミス花子
19	浅野ゆう子、ピンク・レディー
20	三木聖子、海援隊
21	フィンガー5
22	チェリーボーイズ
●25	森田つぐみ
26	桜田淳子、浦田雅美、田中星児
27	ザ・リリーズ
28	豊川誕
29	吉田真梨
11月●1	シェリー
2	あいざき進也、杉田二郎
3	レモンパイ、三木聖子、あいざき進也
4	JJS
5	北村優子
●8	ザ・リリーズ、古時計
9	チェリーボーイズ、古時計
10	ダウン・タウン・ブギウギ・バンド、三木聖子
11	松本ちえこ、メッツ
12	ピンク・レディー、北村優子
●15	ピンク・レディー、黒沢浩
16	なぎらけんいち、あおい輝彦
17	あいざき進也、太田裕美
18	キャンディーズ、豊川誕
19	田山雅充、レモンパイ
●22	メッツ、レモンパイ
23	内藤やす子、異邦人
24	キャンディーズ、三木聖子
25	あいざき進也、木之内みどり
26	JJS、北村優子
●29	あいざき進也、清水健太郎
30	清水健太郎、JJS
12月 1	岡田奈々、ザ・リリーズ
2	キャンディーズ、松本ちえこ
3	吉田真梨、ピンク・レディー
●6	研ナオコ、ずうとるび
7	松本ちえこ、清水健太郎
8	ダウン・タウン・ブギウギ・バンド、キャンディーズ
9	森田つぐみ、ピンクレディー
10	バンバン、北村優子
●13	ピンク・レディー、北村優子
14	新沼謙治、草川祐馬、バウワウ、あいざき進也
15	あいざき進也、三木聖子、三谷晃代、アルバトロス、レイラ
16	吉田真梨、アップルズ
17	とんぼちゃん、ザ・リリーズ
●20	あのねのね、ピンク・レディー
21	佐々木功、清水健太郎
22	太田裕美、レイラ
23	木之内みどり、豊川誕
24	田山雅充、北村優子
●27	榊原郁恵、草川祐馬
28	伊藤咲子、ペニーレイン

1977年

放送日	主な出演者
1月 5	ダウン・タウン・ブギウギ・バンド
6	ピンク・レディー、伊藤咲子
7	浅野ゆう子、北村優子
●10	あいざき進也、ずうとるび
11	草川祐馬、加納竜
12	太田裕美、ドルフィン
13	吉田真梨、アップルズ
14	JJS、北村優子
●17	ピンク・レディー
18	なぎらけんいち
19	キャンディーズ
20	フィンガー5
21	ピンク・レディー
●24	ザ・リリーズ
25	田山雅充
26	草川祐馬
●31	フィンガー5
2月 1	清水健太郎
2	三木聖子
3	タニヤ・タッカー、エンジェル
4	伊藤咲子、松崎しげる、ジェット、レモンパイ
●7	あいざき進也、CCO、レモンパイ
8	浅野ゆう子
9	三木聖子
10	松本ちえこ
11	吉田真梨
●14	ピンク・レディー、榊原郁恵
15	芦川よしみ、吉田真梨
16	太田裕美、ダウン・タウン・ブギウギ・バンド

放送日	主な出演者
25	ジュニアファミリー
26	太田裕美
27	池上季実子
28	レモンパイ
●31	メッツ
6月　1	田山雅充
2	太田裕美
3	アグネス・チャン、ナタリー・コール
4	レモンパイ
●7	池田ひろ子
8	クールス
9	太田裕美
10	（スージー・クアトロ）、岡田奈々
11	レモンパイ
●14	チェリーボーイズ
15	草川祐馬
16	内藤やす子
17	吉田真梨、ポインター・シスターズ
18	田山雅充
●21	森田つぐみ
22	ジュニアファミリー
23	太田裕美
24	チャカ・カーン&ルーファス、ローズマリー
25	レモンパイ
●28	草川祐馬、ダニエル・ブーン
29	田山雅充
30	太田裕美
7月　1	木之内みどり
2	レモンパイ
●5	キャンディーズ
6	ちゃんちゃこ
7	ダウン・タウン・ブギウギ・バンド
8	豊川誕
9	浅野ゆう子
●12	ずうとるび
13	メッツ、ずうとるび
14	内藤やす子、森田つぐみ
15	ニュー・モンキーズ、アンルイス
16	田山雅充、レモンパイ
●19	あいざき進也
20	バンバン、メッツ
21	太田裕美、チェリーボーイズ
22	桜たまこ
23	レモンパイ
●26	ドルフィン
27	小坂忠、オレンジ・カウンティ・ブラザーズ、芦川よしみ
28	ザ・リリーズ、太田裕美

放送日	主な出演者
29	吉田真梨
30	岩崎宏美、レモンパイ
8月●2	湯原昌幸
3	安全バンド、桑名正博、ハイファイセット
4	ダウン・タウン・ブギウギ・バンド
5	寺内タケシ、伊藤咲子
6	あいざき進也
●9	ドルフィン
10	ダウン・タウン・ブギウギ・バンド
11	太田裕美
12	木之内みどり
13	レモンパイ
●16	あいざき進也
17	友川かずき、なぎらけんいち
18	レイラ
19	安西マリア
20	岩崎宏美
●23	ドルフィン
24	シグナル
25	荒川務
26	アトリエ、ウッドペッカー
27	森田つぐみ、ピンク・レディー
●30	ドルフィン
31	近田春夫&ハルヲフォン、田舎芝居、JJS
9月　1	JJS
2	岡田奈々
3	レモンパイ、星ますみ
●6	ミス花子
7	紫
8	三木聖子
9	木之内みどり
10	キャンディーズ
●13	ドルフィン
14	杉田二郎
15	レイラ
16	松本ちえこ
17	レモンパイ
●20	片平なぎさ
21	ムーンライダーズ、尾崎亜美
22	太田裕美
23	キャンディーズ
24	ずうとるび
●27	シェリー
28	高橋達也と東京ユニオン、田山雅充
29	浅野ゆう子
30	ペドロ&カプリシャス
10月　1	星ますみ、ずうとるび
●4	林寛子、ピンク・レディー
5	丸山圭子、岡田奈々

放送日	主な出演者
9	ずうとるび
●12	小川順子
13	桜田淳子
14	アグネス・チャン
15	岡田奈々
16	林寛子
●19	豊川誕
20	荒川務
21	キャンディーズ
22	小川順子
23	ちゃんちゃこ
●26	林寛子
27	豊川誕
28	片平なぎさ
29	岡田奈々
30	メッツ
2月●2	メッツ
3	JJS
4	ダウン・タウン・ブギウギ・バンド
5	ジュテーム
6	岡田奈々
●9	あいざき進也
10	浅野ゆう子
11	太田裕美
12	片平なぎさ
13	クールス
●16	JJS
17	？
18	キャンディーズ
19	伊藤咲子
20	ペドロ＆カプリシャス
●23	あいざき進也
24	草川祐馬
25	太田裕美
26	岡田奈々
27	ちゃんちゃこ、キャンディーズ
3月　2	JJS
3	ダウン・タウン・ブギウギ・バンド
4	アン・ルイス
5	フィンガー5
●8	笑福亭鶴光
9	岡田奈々
10	あいざき進也
11	岩崎宏美
12	チェリッシュ
●15	あいざき進也
16	草川祐馬
17	シグナル
18	林寛子

放送日	主な出演者
19	内藤やす子
●22	青木美冴
23	ちゃんちゃこ
24	太田裕美
25	小川順子
26	荒川務
●29	西崎みどり
30	アンデルセン
31	片平なぎさ
4月　1	岡田奈々、シェリー
2	伊藤咲子
●5	ベル
6	草川祐馬
7	ダウン・タウン・ブギウギ・バンド
8	木之内みどり
9	チェリーボーイズ
●12	キャンディーズ
13	JJS
14	ちゃんちゃこ
15	豊川誕
16	黒木真由美
●19	メッツ
20	チェリーボーイズ
21	ジュニアファミリー
22	田山雅充、チェリーボーイズ、シャネルズ
23	レモンパイ
●26	草川祐馬、
27	メッツ、野中小百合、レオナルド、星正人、森谷泰章、清水京子
28	ザ・リリーズ
29	内藤やす子、チェリーボーイズ
30	レモンパイ、がむがむ、竜エリザ、古時計
5月●3	内藤やす子、リリーズ、森田つぐみ、わら人形と五寸釘
4	チェリーボーイズ
5	太田裕美
6	草川祐馬
7	レオナルド
●10	メッツ
11	ジュニアファミリー
12	太田裕美
13	池上季実子
14	ザ・リリーズ
●17	メッツ
18	ジュニアファミリー
19	太田裕美
20	草川祐馬、（スーパートランプ）
21	レモンパイ
●24	メッツ

放送日	主な出演者
21	アン・ルイス
22	山口百恵、ちゃんちゃこ
●25	？
26	城みちる、草川祐馬
27	？
28	夏木マリ
29	麻丘めぐみ、山本明
9月●1	？
2	荒川務、JJS
3	太田裕美、甲斐バンド
4	岩崎宏美
5	伊藤咲子、山本明
●8	荒川務
9	草川祐馬、JJS
10	あいざき進也、太田裕美
11	あべ静江
12	ちゃんちゃこ、西崎みどり
16	アン・ルイス、JJS
17	片平なぎさ
18	キャンディーズ、天地真理
19	荒川務、ちゃんちゃこ
●22	ずうとるび
23	フォーリーブス、JJS
24	太田裕美
25	岩崎宏美
26	城みちる、岡田奈々
●29	？
30	城みちる、JJS
10月 1	キャンディーズ
2	片平なぎさ
3	岩崎宏美、ちゃんちゃこ
●6	あいざき進也
7	麻丘めぐみ
8	太田裕美
9	桜田淳子
10	伊藤咲子、山本明
●13	荒川務
14	岩崎宏美
15	ダウン・タウン・ブギウギ・バンド
16	小林麻美
17	井上純一、黒木真由美
●20	あいざき進也
21	西崎みどり
22	城みちる
23	アン・ルイス

放送日	主な出演者
24	浅田美代子
●27	あいざき進也
28	浅野ゆう子
29	片平なぎさ
30	林寛子
31	荒川務
11月 4	JJS
5	ちゃんちゃこ
6	シェリー
7	麻丘めぐみ
●10	荒川務
11	泉ピン子
12	岡田奈々
13	西崎みどり
14	ちゃんちゃこ
●17	城みちる
18	？
19	アグネス・チャン
20	岩崎宏美
21	西崎みどり
25	荒川務
26	和田アキ子
27	アン・ルイス
28	岡田奈々
12月●1	あいざき進也
2	真木ひでと
3	太田裕美
4	浅田美代子
5	ちゃんちゃこ
●8	キャンディーズ
9	浅野ゆう子
10	片平なぎさ
11	桜田淳子
12	岩崎宏美
●15	あいざき進也
16	フォーリーブス
17	ダウン・タウン・ブギウギ・バンド
18	キャンディーズ
19	山本明
●22	あいざき進也
23	アンデルセン
24	ザ・リリーズ
25	伊藤咲子
26	ちゃんちゃこ
●29	笑福亭鶴光

1976年

1月●5	徳久広司
6	ちゃんちゃこ
7	とんぼちゃん
8	伊藤咲子

放送日	主な出演者
11	荒川務、あいざき進也
●14	ずうとるび、キャンディーズ
15	フィンガー 5、浅田美代子
16	ダウン・タウン・ブギウギ・バンド、太田裕美
17	豊川誕、(クイーン)(あいざき進也)
18	山口百恵、ちゃんちゃこ
●21	ずうとるび、チェリッシュ
22	アン・ルイス、南沙織
23	城みちる、あいざき進也
24	南沙織、豊川誕
25	麻丘めぐみ、坂本九
●28	ずうとるび、あいざき進也
29	浅田美代子、城みちる、JJS
30	アンデルセン
5月 1	西川峰子、豊川誕
2	チェリッシュ
●5	坂上二郎
6	荒川務、フォーリーブス、JJS
7	アン・ルイス、城みちる
8	伊藤咲子、あいざき進也
9	(荒井由実)、マッハ文朱、ちゃんちゃこ
●12	小柳ルミ子、アン・ルイス
13	森田健作、JJS
14	あいざき進也、ダウン・タウン・ブギウギ・バンド
15	南沙織、豊川誕
16	城みちる、西崎みどり
●19	すうとるび、キャンディーズ
20	JJS、フィンガー 5、ガロ
21	ダウン・タウン・ブギウギ・バンド
22	山口百恵、豊川誕
23	荒川務、ちゃんちゃこ
●26	ずうとるび
27	アン・ルイス、JJS
28	ダウン・タウン・ブギウギ・バンド
29	西崎みどり、豊川誕、アン・ルイス
30	西城秀樹、森昌子
6月●2	ずうとるび
3	JJS、草川祐馬、甲斐バンド
4	ダウン・タウン・ブギウギ・バンド
5	豊川誕、クラフト
6	西崎みどり、ちゃんちゃこ
●9	ずうとるび、林美樹、アン・ルイス、丘蒸気
10	南沙織、JJS
11	ダウン・タウン・ブギウギ・バンド
12	キャンディーズ、チェリッシュ
13	山口百恵
●16	ずうとるび

放送日	主な出演者
17	JJS、草川祐馬
18	ダウン・タウン・ブギウギ・バンド
19	あいざき進也、フィンガー 5
20	荒川務、岡田奈々
●23	ずうとるび
24	山田パンダ、JJS
25	ダウン・タウン・ブギウギ・バンド、アグネス・チャン、荒川務
26	岡田奈々、豊川誕
27	フィンガー 5、ちゃんちゃこ、甲斐バンド
●30	すうとるび、あいざき進也
7月 1	南沙織、麻丘めぐみ、JJS
2	ダウン・タウン・ブギウギ・バンド
3	伊藤咲子、夏木マリ
4	西崎みどり、山本明
●7	ずうとるび
8	山田パンダ、アン・ルイス、荒川務、JJS
9	太田裕美
10	テレサ・テン、あいざき進也
11	岡田奈々、フィンガー 5
●14	ずうとるび
15	フィンガー 5、JJS
16	太田裕美
17	アン・ルイス、シスター・スレッジ
18	西崎みどり、城みちる
●21	ずうとるび
22	フォーリーブス、JJS
23	片平なぎさ
24	小柳ルミ子
25	岩崎宏美、山本明
●28	?
29	荒川務、JJS
30	キャンディーズ
31	麻生よう子、テレサ・テン
8月 1	麻丘めぐみ、山本明
●4	?
5	チェリッシュ、JJS
6	太田裕美
7	木之内みどり
8	黒木真由美、山本明、ペドロ&カプリシャス
●11	?
12	ちゃんちゃこ、JJS
13	太田裕美
14	アン・ルイス
15	?
●18	?
19	山田パンダ、JJS
20	太田裕美

放送日	主な出演者
27	あのねのね、城みちる
28	小柳ルミ子、あいざき進也
29	ペドロ&カプリシャス、西崎みどり
12月●2	天地真理、ずうとるび
3	ガロ、シェリー
4	三輪車、NAC
5	テレサ・テン、ペドロ&カプリシャス、キャンディーズ
6	チェリッシュ、城みちる
●9	アン・ルイス、フィンガー5
10	グレープ、荒川務
11	城みちる、三輪車

放送日	主な出演者
12	チャコとヘルスエンジェル、NAC
13	テレサ・テン、西崎みどり
●16	浅田美代子、ずうとるび
17	フィンガー5、荒川務
18	あいざき進也、ガロ
19	アグネス・チャン、城みちる
20	あのねのね、フレンズ
●23	桜田淳子、葵テルヨシ
24	浅田美代子、城みちる
25	三輪車、テレサ・テン
26	グレープ、アンデルセン
27	?

1975年

放送日	主な出演者
1月●6	キャンディーズ、ずうとるび
7	チャコとヘルスエンジェ、フレンズ
8	城みちる、ペドロ&カプリシャス
9	テレサ・テン、ガロ、とんぼちゃん、鳥塚しげきとホットケーキ
10	麻生よう子、アグネス・チャン
●13	城みちる、伊藤咲子
14	ガロ、風吹ジュン
15	荒川務、太田裕美
16	アン・ルイス、グレープ、甲斐バンド
17	森昌子、ルネ
●20	あいざき進也、小坂明子
21	岡崎友紀、城みちる
22	風吹ジュン、荒川務、キャンディーズ
23	チャコとヘルスエンジェル、城みちる
24	西崎みどり、フレンズ、甲斐バンド
●27	風吹ジュン、ずうとるび
28	小林麻美、ジャニーズJr
29	チャコとヘルスエンジェル、太田裕美
30	荒川務、あいざき進也
31	城みちる、西川峰子
2月●3	アン・ルイス、ずうとるび、キャンディーズ
4	フィンガー5、シェリー
5	あいざき進也、太田裕美
6	城みちる、ハリマオ
7	チューリップ、麻生よう子
●10	フィンガー5、ずうとるび
11	ペドロ&カプリシャス、ジャニーズJr
12	城みちる、太田裕美、甲斐バンド
13	ガロ、荒川務
14	フレンズ、風吹ジュン
●17	あいざき進也、ずうとるび
18	ジャニーズJr、城みちる
19	荒川務、太田裕美
20	グレープ、チャコとヘルスエンジェル

放送日	主な出演者
21	浅田美代子、南沙織
●24	和田アキ子、キャンディーズ
25	海援隊、荒川務
26	麻丘めぐみ、あいざき進也、キャンディーズ
27	かまやつひろし、ハリマオ
28	城みちる、伊藤咲子
3月●3	ずうとるび、麻生よう子
4	岡崎友紀、浅田美代子
5	ダウン・タウン・ブギウギ・バンド
6	城みちる、あいざき進也、甲斐バンド
7	チェリッシュ、西崎みどり
●10	安西マリア、ずうとるび
11	夏木マリ、城みちる
12	かまやつひろし、フレンズ
13	伊藤咲子、チャコとヘルスエンジェル
14	荒川務、アン・ルイス
●17	ずうとるび、山口百恵、キャンディーズ
18	麻丘めぐみ、かまやつひろし
19	アグネス・チャン、城みちる
20	グレープ、豊川誕
21	ルネ、西崎みどり
●24	ずうとるび、フレンズ
25	ガロ、浅田美代子
26	あいざき進也、とんぼちゃん
27	桜田淳子、豊川誕
28	八代亜紀、城みちる、甲斐バンド
●31	?
4月 1	荒川務、ルネ、麻丘めぐみ
2	郷ひろみ、太田裕美
3	浅野ゆう子、豊川誕
4	坂本九、フレンズ
●7	?
8	チェリッシュ、かまやつひろし
9	キャンディーズ、ガロ

放送日	主な出演者
●15	スーパースター、アンデルセン
16	郷ひろみ、マギーミネンコ
17	優雅、チャコとヘルスエンジェル
18	ガロ、弾ともや、ジャネット
19	風吹ジュン、城みちる
●22	アグネス・チャン、アンデルセン
23	にしきのあきら、山口百恵
24	小柳ルミ子、南沙織
25	あいざき進也、弾ともや
26	小坂明子、江川ひろし
●29	リンリン・ランラン、アンデルセン
30	城みちる、荒川務
31	フレンズ、アン・ルイス
8月 1	和田アキ子、グレープ
2	ペドロ&カプリシャス、にしきのあきら
●5	森昌子、アンデルセン
6	野口五郎、荒川務
7	ペドロ&カプリシャス、三輪車
8	テレサ・テン、弾ともや
9	山口百恵、江川ひろし
●12	安西マリア、アンデルセン
13	にしきのあきら、荒川務
14	城みちる、キャンディーズ
15	ローズマリー、弾ともや
16	風吹ジュン、江川ひろし
●19	城みちる、アン・ルイス
20	ガロ、研ナオコ
21	アグネス・チャン、フレンズ
22	ダ・カーポ、グレープ
23	江川ひろし、ルネ
●26	麻生よう子、アンデルセン
27	桜田淳子、マギー・ミネンコ
28	あいざき進也、チャコとヘルスエンジェル
29	あいざき進也、フレンズ
30	城みちる、キャンディーズ
9月●2	天地真理、中村雅俊
3	フィンガー5、マギー・ミネンコ
4	山口百恵、ガロ
5	南沙織、グレープ
6	西城秀樹、江川ひろし
●9	ずうとるび、葵テルヨシ
10	ドゥーTドール、荒川務
12	小柳ルミ子、グレープ
13	フレンズ、江川ひろし
●16	あいざき進也、キャンディーズ
17	西城秀樹、城みちる
18	南沙織、チャコとヘルスエンジェル
19	山本コウタローとウィークエンド、ローズマリー

放送日	主な出演者
20	ケメ、浅野ゆう子
●23	ずうとるび、伊丹幸雄
24	研ナオコ、荒川務
25	山本コウタローとウイークエンド、三輪車
26	あいざき進也、グレープ
27	城みちる、ローズマリー
●30	アン・ルイス、グレープ
10月 1	マギー・ミネンコ、葵テルヨシ、尾崎紀世彦
2	三善英史、フレンズ
3	布施明、城みちる
4	ダ・カーポ
●7	城みちる、風吹ジュン
8	ガロ、リンリン・ランラン
9	森山良子、三輪車
10	安西マリア、チャコとヘルスエンジェル
11	ペドロ&カプリシャス、西崎みどり
●14	あべ静江、フレンズ
15	南沙織、荒川務
16	キャンディーズ、アン・ルイス
17	森田健作、弾ともや
18	グレープ、城みちる
●21	小柳ルミ子、デニス大城
22	荒川務、夏木マリ
23	山口百恵、城みちる
24	キャンディーズ、アルフィー
25	ペドロ&カプリシャス、フレンズ
●28	あいざき進也、ずうとるび
29	マギー・ミネンコ、城みちる
30	いずみたくシンガーズ、三輪車
31	ハリマオ、和田アキ子
11月 1	坂上二郎、西崎みどり
●4	ずうとるび、あいざき進也
5	フレンズ
6	南沙織、三輪車
7	あいざき進也、アルフィー、ケメ
8	森昌子、あべ静江
●11	森昌子、ずうとるび
12	中条きよし、城みちる
13	ペドロ&カプリシャス、フレンズ
14	あいざき進也、ビリーバンバン
15	風吹ジュン、下田逸郎
●18	ダ・カーポ、アグネス・チャン
19	あいざき進也、麻生よう子
20	ガロ、佐藤公彦
21	テレサ・テン、ふきのとう
22	チューリップ、アン・ルイス
●25	南沙織、ローズマリー
26	風吹ジュン、荒川務

放送日	主な出演者
26	チューリップ
27	小柳ルミ子
28	伊丹幸雄
3月 1	チューリップ
●4	フィンガー 5
5	にしきのあきら、ドゥー Tドール
6	ガロ
7	桜田淳子
8	研ナオコ
●11	フィンガー 5
13	山口百恵
14	あべ静江
15	安西マリア
●18	オレンジペコ、フィンガー 5
19	オレンジペコ
20	チャコとヘルスエンジェル、水沢アキ
21	あいざき進也
22	あべ静江
●25	フィンガー 5
26	西城秀樹
27	森昌子
28	研ナオコ
29	左とん平
4月●1	三善英史
2	にしきのあきら
3	ガロ
4	あいざき進也
5	?
●8	伊丹幸雄
9	ガロ
10	アグネス・チャン
11	あいざき進也
12	なぎらけんいち
●15	?
16	?
17	?
18	?
19	?
●22	?
23	?
24	?
25	?
26	?
●29	?
30	?
5月 1	?
2	あいざき進也
3	桜田淳子、ジェフ
●6	天地真理

放送日	主な出演者
7	にしきのあきら
8	南沙織
9	あいざき進也
10	城みちる
●13	フィンガー 5
14	西城秀樹
15	伊丹幸雄
16	あいざき進也
17	ケメ
●20	あのねのね
21	ガロ
22	チャコとヘルスエンジェル
23	あいざき進也
24	チェリッシュ
●27	アンデルセン
28	西城秀樹
29	殿さまキングス
30	あいざき進也
31	山口百恵、ジェフ
6月●3	和田アキ子
4	殿さまキングス
5	ケメ
6	あいざき進也
7	海援隊、ジェフ
●10	アンデルセン
11	南沙織
12	鴎陽菲菲
13	山口百恵
14	城みちる
●17	フィンガー 5
18	ガロ
19	ペドロ&カプリシャス
20	あいざき進也
21	江川ひろし
●24	アンデルセン
25	三善英史
26	キャンディーズ
27	あいざき進也
28	城みちる
7月●1	ルネ
2	?
3	ルネ、山口百恵
4	八田英士、千葉紘子、火の鳥、弾ともや、ハリマオ
5	?
9	?
10	ルネ
11	?
12	?

放送日	主な出演者
11	伊丹幸雄
12	西城秀樹
●15	野口五郎
16	沢田研二
17	伊丹幸雄
18	キャロル
19	フレンズ
●22	結城大
23	青い三角定規
24	円谷弘之
25	キャンディーズ
26	浅田美代子
●29	フィンガー5
30	葵テルヨシ
31	結城大
11月 1	桑原一郎
2	天地真理
●5	伊丹幸雄
6	野口五郎
7	葵テルヨシ
8	松崎しげる
9	安西マリア
●12	五木ひろし
13	永田英二
14	ZOO
15	キャロル
16	ガロ
●19	鴎陽菲菲
20	森田健作

放送日	主な出演者
21	ガロ
22	ローズマリー
23	チェリッシュ
●26	フィンガー5
27	安西マリア
28	葵テルヨシ
29	ペドロ&カプリシャス、伊丹幸雄
30	三善英史
12月●3	フィンガー5
4	西城秀樹
5	結城大
6	ローズマリー
7	研ナオコ
●10	フィンガー5
11	水沢アキ
12	ペドロ&カプリシャス、大慶太
13	ダ・カーポ
14	にしきのあきら
●17	アグネスチャン
18	五木ひろし
19	山口百恵
20	ローズマリー
21	フレンズ
●24	小柳ルミ子、キャンディーズ
25	ガロ
26	アグネス・チャン
27	ペドロ&カプリシャス
28	結城大

1974年

1月●7	五木ひろし
8	にしきのあきら
9	ガロ
10	あいざき進也
11	チューリップ
●14	フィンガー5、キャンディーズ
15	研ナオコ
16	伊丹幸雄
17	ペドロ&カプリシャス
18	チェリッシュ
●21	伊丹幸雄
22	葵テルヨシ
23	山口百恵
24	あいざき進也、キャロル
25	にしきのあきら
●28	フィンガー5
29	野口五郎
30	ガロ
31	安西マリア
2月 1	ガロ
●4	フィンガー5
5	研ナオコ
6	和田アキ子
7	桜田淳子
8	チューリップ
●11	沢田研二
12	ガロ
13	天地真理、キャンディーズ
14	あいざき進也
15	チェリッシュ
●18	フィンガー5
19	にしきのあきら
20	伊丹幸雄
21	あいざき進也
22	研ナオコ
●25	フィンガー5

放送日	主な出演者
29	郷ひろみ
30	結城大
31	BUZZ
6月　1	西城秀樹
●4	伊丹幸雄
5	ガロ
6	あおい健
7	キャロル
8	にしきのあきら、チェリッシュ
●11	あおい健
12	野口五郎
13	結城大
14	キャロル
15	本郷直樹
●18	三善英史
19	永田英二
20	南沙織
21	ノラ
22	研ナオコ
●25	西城秀樹
26	あおい健
27	円谷弘之
28	ケメ
29	栗田ひろみ
7月●2	野口五郎
3	結城大
4	ガロ
5	ヤーヤー・スクール・バンド
6	あおい健
●9	伊丹幸雄
10	青い三角定規
11	フレンズ
12	キャロル
13	円谷弘之
●16	野村真樹
17	栗田ひろみ
18	伊丹幸雄
19	キャロル
27	モップス
20	野口五郎
●23	伊丹幸雄
24	福沢良
25	本郷直樹
26	キャロル
27	モップス
●30	三善英史
31	岡崎友紀
8月　1	ZOO
2	キャロル

放送日	主な出演者
3	ガロ
●6	あのねのね、結城大
7	野口五郎
8	あおい健
9	キャロル
10	浅田美代子
●13	森田健作
14	郷ひろみ
15	ZOO
16	フィンガー5
17	チェリッシュ、直木純
●20	あおい健
21	郷ひろみ
22	フレンズ
23	キャロル
24	本郷直樹
●27	クーフィー
28	西城秀樹、水沢アキ
29	伊丹幸雄、山口百恵、あおい健
30	キャロル、ペドロ＆カプリシャス
31	三善英史、水沢アキ、直木純
9月●3	フィンガー5、野口五郎、アグネス・チャン
4	浅田美代子、栗田ひろみ
5	ガロ、フレンズ
6	キャロル、小山ルミ
7	ブルーコメッツ
●10	五木ひろし、麻丘めぐみ
11	結城大、野口五郎
12	フレンズ、千葉紘子、山口百恵、水沢アキ
13	伊丹幸雄
14	にしきのあきら、チェリッシュ、ゴールデンハーフ
●17	フィンガー5、山口百恵、ZOO、南陽子
18	スーパーエイジ、チェリッシュ
19	伊丹幸雄、アグネス・チャン
20	チューリップ
21	西城秀樹
25	スーパーエイジ
26	フレンズ
27	キャロル
28	野口五郎
10月●1	フィンガー5
2	西城秀樹
3	ガロ
4	ローズマリー
5	フレンズ
●8	結城大
9	葵テルヨシ
10	チャコとヘルスエンジェル

放送日	主な出演者
16	平浩二、あおい健
17	南沙織、野口ヒデト
18	キャプテン・ヒロとスペースバンド
19	野村真樹、久我ひさ子
●22	青い三角定規、ニューキラーズ
23	フォーリーブス、志吹麻湖
24	森昌子
25	ガロ
26	西城秀樹、森田由美恵
●29	松崎しげる、山下雄三
30	チェリッシュ
31	野村真樹、後藤明
2月 1	ファニー・カンパニー
2	奈良富士子、紅浩二
●5	本田路津子、チェリッシュ
6	南沙織
7	本郷直樹、円谷弘之
8	ファニー・カンパニー
9	本郷直樹、石川セリ、バーバラ・ホール
●12	三善英史、牧村三枝子
13	ビリーバンバン、あおい健
14	青い三角定規、フレンズ
15	猫、なぎらけんいち
16	ヒデとロザンナ、円谷弘之
●19	西城秀樹、五十嵐じゅん
20	デニス大城
21	モップス
22	本田路津子、あさだひろし
23	平山三紀、ハイソサエティ、森田由美恵
●26	ビリーバンバン、マガジン、南陽子
27	本郷直樹、麻田ルミ
28	麻丘めぐみ、田代麻紀
3月 1	オフコース、森田公一とトップギャラン
2	青い三角定規、あおい健、ハイソサエティ
●5	五木ひろし、三橋ひろ子
6	三善英史、朝倉理恵
7	平山三紀
8	アリス
9	西城秀樹、栗田ひろみ、ハイソサエティ
●12	本郷直樹、伊丹幸雄
13	チェリッシュ、鷲と鷹
14	三善英史、モップス、朝倉理恵
15	古井戸、ブレッド&バター
16	研ナオコ、後藤明
●19	南沙織、愛田健二
20	本郷直樹、千葉マリヤ
21	西城秀樹、フレンズ、結城大
22	信天翁、ノラ

放送日	主な出演者
23	にしきのあきら、平浩二、研ナオコ、野路由紀子
●26	奈良富士子、研ナオコ、本郷直樹
27	小川知子、円谷弘之
28	小山ルミ
29	アリス
30	麻丘めぐみ、栗田ひろみ、あおい健
4月●2	小山ルミ、フォー・クローバーズ、キャロル
3	平浩二、郷ひろみ
4	本郷直樹、研ナオコ、あおい健
5	VSOP、かまやつひろし
6	西城秀樹、森田由美恵
●9	青い三角定規、岡崎友紀
10	南沙織、円谷弘之
11	フレンズ
12	及川恒平
13	野口五郎、本郷直樹、研ナオコ、加納エリ子
●16	南沙織
17	にしきのあきら、栗田ひろみ
18	森昌子
19	古井戸
20	ハイソサエティ
●23	後藤明
24	西城秀樹
25	南沙織
26	佐渡山豊
27	円谷弘之
●30	伊丹幸雄
5月 1	にしきのあきら
2	大石悟郎
3	ノラ
4	円谷弘之
●7	フォーリーブス
8	愛田健二
9	西城秀樹
10	キャロル
11	南沙織
●14	青い三角定規
15	栗田ひろみ
16	伊丹幸雄
17	海援隊
18	西城秀樹
●21	結城大
22	チェリッシュ、松崎しげる
23	あおい健
24	ケメ
25	本郷直樹
●28	にしきのあきら、桜田淳子

『ぎんざNOW!』主な出演者

（調査作成／加藤義彦）

（注）出演者の顔ぶれには、ゲストのほかに、レギュラーで出演していた人たちも一部含まれています。人名の表記は当時のものに統一してあります。●印は、放送日が月曜だったことを示しています。（　）内は出演した可能性があるゲストです。

1972年

放送日	主な出演者
10月●2	石橋正次、仲雅美、松尾ジーナ、星吉昭、
3	青い三角定規、後藤明、三遊亭夢八、三遊亭笑遊、吉田真由美、クーフィ、星吉昭
4	大和田伸也、山口いづみ、葉山ユリ、星吉昭、今井れい子
5	泉谷しげる、生田敬太郎とマックス、ピピ&コット、星吉昭、今井れい子
6	フォーリーブス、西城秀樹、福沢良、フレンズ、三遊亭夢八、三遊亭笑遊、吉田真由美、星吉昭、今井れい子
●9	沖雅也、あがた森魚
10	由美かおる、紅浩二
11	小柳ルミ子、伊東きよ子、トムとジェリー
12	ケメ、ピピ&コット
13	南沙織、郷ひろみ
●16	森田健作
17	平山三紀、三善英史
18	千葉紘子、野口五郎
19	古井戸
20	尾崎紀世彦、研ナオコ
●23	朱里エイコ、青い三角定規
24	麻丘めぐみ、青山一也
25	伊丹幸雄、小林麻美
26	山本コウタロー、かぐや姫
27	森田健作、本郷直樹
●30	萩本欽一、小山ルミ
31	にしきのあきら、岩淵リリ
11月 1	南沙織、原美登利
2	ケメ、五輪真弓
3	クーフィー、後藤明
●6	五木ひろし、牧葉ユミ
7	小林麻美、チェリッシュ
8	西城秀樹、平山三紀
9	山本コウタロー、なぎらけんいち
10	あがた森魚、はしだのりひこ
●13	小川知子、レツゴー三匹、マリカ&カオリ
14	野口五郎、クーフィー
15	森本英世、山口いづみ
16	杉田二郎、柘植章子
17	沖雅也、紀比呂子、奈良富士子
●20	南沙織、ビリーバンバン
21	ニューキラーズ、牧村三枝子
22	シュークリーム、トワ・エ・モア
23	あがた森魚、三上寛
24	郷ひろみ、三善英史
●27	由美かおる、千葉マリヤ
28	西城秀樹
29	伊丹幸雄
30	丸山圭子、龍プラスワン
12月 1	かまやつひろし
●4	西城秀樹、野村真樹
5	本郷直樹、ウッドペッカー
6	葉山ユリ
7	本田路津子、チューリップ
8	にしきのあきら、千葉マリヤ
●11	湯原昌幸、つなき&みどり、レツゴー三匹
12	野路由紀子
13	千葉紘子、あおい健、ZOO
14	リリィ、杉田二郎
15	五木ひろし、松尾ジーナ、デニス大城
●18	城崎ジュン、かまやつひろし
19	あさだひろし
20	野村真樹、つなき&みどり
21	沖縄フォーク村
22	シモンズ、黒崎とかずみ、チューインガム
●25	ちあきなおみ、大和田伸也
26	西城秀樹、後藤明、葉山ユリ
27	西城秀樹、ゴールデンハーフ、小島一慶

1973年

放送日	主な出演者
1月 4	ケメ、とみたいちろう
5	後藤明、研ナオコ
●8	井上順、葉山ユリ
9	はしだのりひこ、円谷弘之
10	西城秀樹、あおい健
11	加藤和彦
12	にしきのあきら、小川知子、牧村三枝子
●15	平山三紀

［著者経歴］
加藤義彦（かとうよしひこ）
1960年、東京浅草生まれ。大学を卒業後、広告代理店勤務を経てフリーライターに。テレビ番組とお笑いに関しては新旧を問わず精通し、雑誌を中心に寄稿を続けている。主な著作は、単著『「時間ですよ」を作った男・久世光彦のドラマ世界』（双葉社）、共著『作曲家・渡辺岳夫の肖像』（ブルース・インターアクションズ）、『コミックバンド全員集合！』（ミュージック・マガジン）。また企画構成を手がけた書籍には、山田満郎著『８時だョ！全員集合の作り方』、居作昌果著『８時だョ！全員集合伝説』（ともに双葉社）などがある。

（写真提供）
吉崎弘紀（p3，6，13，20，37，71，197，205，220，225，229，230，233，237，247）
朝吹美紀（p86，87，88，116）
宮下康仁（p55）
田口治（p65）
黒沢賢吾（p162）
商店建築社（p53の上）
TBS（p61）
※本書で使用した写真の中で一部肖像権・著作権の確認ができなかったものがあります。
お心当たりの方は小社までご連絡ください。

テレビ開放区
幻の『ぎんざNOW！』伝説

2019年９月20日　初版第１刷印刷
2019年10月２日　初版第１刷発行

著　者 ―― 加藤義彦
発行者 ―― 森下紀夫
発行所 ―― 論創社
〒101-0051　東京都千代田区神田神保町2-23　北井ビル
tel. 03(3264)5254　fax. 03(3264)5232
振替口座 00160-1-155266　http://www.ronso.co.jp/

ブックデザイン ―― 奥定泰之
印刷・製本 ―― 中央精版印刷

ISBN978-4-8460-1873-3